中学教科書ワーク　学習カード
ポケット スタディ
数学2年

Pocket Study

---

1 多項式の次数

次の式は何次式？

$$3x^2y - 5xy + 13x$$

---

2 同類項

次の式の同類項をまとめると？

$$-x - 8y + 5x - 17y$$

---

3 多項式の加法

次の式を計算すると？

$$(4x - 5y) + (-6x + 2y)$$

JN085432

---

4 多項式の減法

次の式を計算すると？

$$(4x - 5y) - (-6x + 2y)$$

---

5 単項式の乗法

次の式を計算すると？

$$-5x \times (-8y)$$

---

6 単項式の除法

次の式を計算すると？

$$-72x^2y \div 9xy$$

---

7 式の値

$x = -1$，$y = 6$のとき，次の式の値は？

$$-72x^2y \div 9xy$$

---

8 文字式の利用

nを整数としたときに，偶数，奇数をnを使って表すと？

---

9 等式の変形

次の等式をyについて解くと？

$$\frac{1}{3}xy = 6$$

各項の次数を考える

$$3x^2y + (-5xy) + 13x$$

次数3　　　次数2　　　次数1

答 **3次式** ← 各項の次数のうちで
もっとも大きいものが，
多項式の次数。

使い方

- ミシン目で切り取り，穴をあけてリング
  などを通して使いましょう。
- カードの表面が問題，裏面が解答と解説
  です。

すべての項を加える

$$(4x-5y)+(-6x+2y)$$　　符号は
　　　　　　　　　　　　　そのまま。
$$=4x-5y-6x+2y$$
$$=4x-6x-5y+2y$$
$$=-2x-3y \cdots 答$$

$ax+bx=(a+b)x$

$$-x \ -8y \ +5x \ -17y$$　　項を並べかえる。
$$=-x \ +5x \ -8y \ -17y$$　　同類項をまとめる。
$$=4x-25y \cdots 答$$

係数の積に文字の積をかける

$$-5 \ x \times (-8 \ y)$$
$$=-5 \times (-8) \times x \times y$$
$$=40xy \cdots 答$$

　　係数
　　文字

ひく式の符号を反対にする

$$(4x-5y)-(-6x+2y)$$　　符号を
　　　　　　　　　　　　　反対にする。
$$=4x-5y+6x-2y$$
$$=4x+6x-5y-2y$$
$$=10x-7y \cdots 答$$

式を簡単にしてから代入

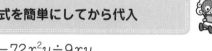

$$-72x^2y \div 9xy$$　　式を簡単にする。
$$=-8x$$　　　　　　　　$x=-1$を代入する。
$$=-8\times(-1)$$
$$=8 \cdots 答$$

分数の形になおして約分

$$-72x^2y \div 9xy$$　　わる式を分母にする。
$$=\frac{-72x^2y}{9xy}$$　　約分する。
$$=-8x \cdots 答$$

$y=○$の形に変形する

$$\frac{1}{3}xy \times \frac{3}{x} = 6 \times \frac{3}{x}$$ ← 両辺に$\frac{3}{x}$をかける。

$$y=\frac{18}{x} \cdots 答$$

偶数は2の倍数

答 偶数 **2n** ← 2の倍数

奇数 **2n-1** ← 偶数-1

 または，**2n+1** ← 偶数+1

10 連立方程式の解

次の連立方程式で，解が $x=2$,
$y=-1$ であるものはどっち？

⑦ $\begin{cases} 3x-4y=10 \\ 2x+3y=-1 \end{cases}$　　⑦ $\begin{cases} 4x+7y=1 \\ -x+5y=-7 \end{cases}$

11 加減法

次の連立方程式を解くと？

$\begin{cases} 2x-y=3 & \cdots ① \\ -x+y=2 & \cdots ② \end{cases}$

12 加減法

次の連立方程式を解くと？

$\begin{cases} 2x-y=5 & \cdots ① \\ x-y=1 & \cdots ② \end{cases}$

13 代入法

次の連立方程式を解くと？

$\begin{cases} x=-2y & \cdots ① \\ 2x+y=6 & \cdots ② \end{cases}$

14 1次関数の式

次の式で，1次関数をすべて選ぶと？

⑦ $y=\dfrac{1}{2}x-4$　　⑦ $y=\dfrac{24}{x}$
⑦ $y=x$　　　　　　⑦ $y=-4+x$

15 変化の割合

次の1次関数の変化の割合は？

$y=3x-2$

16 1次関数とグラフ

次の1次関数のグラフの傾きと切片は？

$y=\dfrac{1}{2}x-3$

17 直線の式

右の図の直線の式は？

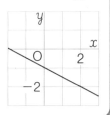

18 方程式とグラフ

次の方程式のグラフは，
右の図のどれ？

$2x-3y=6$

19 $y=k$, $x=h$ のグラフ

次の方程式のグラフは，
右の図のどれ？

$7y=-14$

①＋②で y を消去

$$2x-y=3 \qquad x=5を②に代入$$
$$+)-x+y=2 \qquad -5+y=2$$
$$\overline{\quad x \quad =5} \qquad\qquad y=7$$

答 $x=5,\ y=7$

代入して成り立つか調べる

答 ㋑ ← どちらの方程式も成り立たせる $x,\ y$ の値が解。

㋐ 上の式　左辺＝$3×2-4×(-1)=10$　○
　 下の式　左辺＝$2×2+3×(-1)=1$　×
㋑ 上の式　左辺＝$4×2+7×(-1)=1$　○
　 下の式　左辺＝$-1×2+5×(-1)=-7$　○

①を②に代入して x を消去

$$2×(-2y)+y=6 \qquad y=-2を①に代入$$
$$-3y=6 \qquad x=-2×(-2)$$
$$y=-2 \qquad x=4$$

答 $x=4,\ y=-2$

①－②で y を消去

$$2x-y=5 \qquad x=4を②に代入$$
$$-)\ x-y=1 \qquad 4-y=1$$
$$\overline{\quad x \quad =4} \qquad\qquad y=3$$

答 $x=4,\ y=3$

x の係数に注目

答 3

1次関数 $y=ax+b$ では，
変化の割合は一定で a に等しい。
（変化の割合）＝$\dfrac{（yの増加量）}{（xの増加量）}=a$

y が x の1次式か考える

答 ㋐，㋒，㋔
　　　↑
$b=0$ の場合。

1次関数の式
$y=ax+b$
ax…x に比例する部分
b …定数の部分

切片と傾きから求める

答 $y=-\dfrac{1}{2}x-1$
　　　　↑　　　↑
　　　傾き　切片

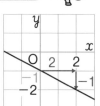

$a,\ b$ の値に注目

答 傾き $\dfrac{1}{2}$

　　 切片　-3

1次関数 $y=ax+b$ の
グラフは，傾きが a,
切片が b の直線である。

$y=k,\ x=h$ の形にする

答 ㋔

$7y=-14$

　 $y=-2$ ←

x 軸に平行な直線。

㋐ $x=-2$
㋑ $x=2$
㋒ $y=2$
㋔ $y=-2$

y について解く

答 ㋒

$2x-3y=6$ を y について解くと，

$y=\dfrac{2}{3}x-2$ ←傾き $\dfrac{2}{3}$, 切片 -2 のグラフ。

20 対頂角

右の図で，
∠xの大きさは？

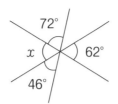

21 平行線と同位角，錯角

右の図で，
$\ell /\!/ m$のとき，
∠x，∠yの
大きさは？

22 三角形の内角と外角

右の図で，
∠xの大きさは？

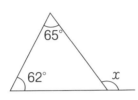

23 多角形の内角

内角の和が1800°の多角形は何角形？

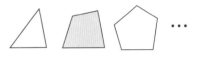

24 多角形の外角

1つの外角が20°である正多角形は？

25 三角形の合同条件

次の三角形は合同といえる？

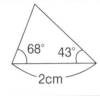

26 二等辺三角形の性質

二等辺三角形の性質2つは？

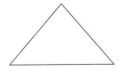

27 二等辺三角形の角

右の図で，
AB＝ACのとき，
∠xの大きさは？

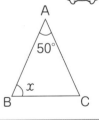

28 二等辺三角形になる条件

右の△ABCは，
二等辺三角形と
いえる？

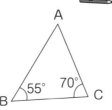

29 直角三角形の合同条件

次の三角形は合同といえる？

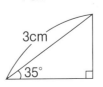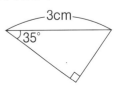

同位角，錯角を見つける

答 $\angle x = 115°$
$\angle y = 75°$

2直線が平行ならば
同位角，錯角は等しい。

同位角
x
ℓ
115°
m
75°
y
錯角

対頂角は等しい

答 $\angle x = 62°$

向かい合った角を $\longrightarrow x$
対頂角といい，
対頂角は等しい。

72°
62°
46°

内角の和の公式から求める

答 十二角形

$180° \times (n-2) = 1800°$
$n - 2 = 10$
$n = 12$

n角形の内角の和は
$180° \times (n-2)$

三角形の外角の性質を利用する

答 $\angle x = 127°$

$\angle x = 62° + 65°$
$= 127°$

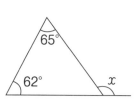

65°
62°
x

合同条件にあてはまるか考える

答 いえる

3組の辺がそれぞれ等しい。

2組の辺とその間の角がそれぞれ等しい。

1組の辺とその両端の角がそれぞれ等しい。

多角形の外角の和は360°

答 正十八角形

$360° \div 20° = 18$

正多角形の外角はすべて等しい。

多角形の外角の和は360°である。

底角は等しいから∠B=∠C

答 $\angle x = 65°$

$\angle x = (180° - 50°) \div 2$
$= 65°$

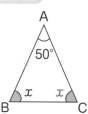

A
50°
x x
B C

底角，底辺などに注意

答 ・底角は等しい。
・頂角の二等分線は，
底辺を垂直に2等分する。

合同条件にあてはまるか考える

答 いえる

直角三角形の

斜辺と1つの鋭角がそれぞれ等しい。

斜辺と他の1辺がそれぞれ等しい。

2つの角が等しいか考える

答 いえる

$\angle A = \angle B = 55°$ より，

$180° - (55° + 70°) = 55°$

2つの角が等しいので，
二等辺三角形といえる。

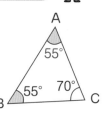

A
55°
55° 70°
B C

30 平行四辺形の性質

平行四辺形の性質３つは？

31 平行四辺形になる条件

平行四辺形になるための条件５つは？

32 特別な平行四辺形の定義

長方形，ひし形，正方形の定義は？

33 特別な平行四辺形の対角線

長方形，ひし形，正方形の対角線の
性質は？

34 確率の求め方

１つのさいころを投げるとき，
出る目の数が６の約数に
なる確率は？

35 樹形図と確率

２枚の硬貨A，Bを投
げるとき，１枚が表
でもう１枚が裏に
なる確率は？

36 組み合わせ

A，B，Cの３人の中
から２人の当番を選
ぶとき，Cが当番に
選ばれる確率は？

37 表と確率

大小２つのさいころ
を投げるとき，出た
目の数が同じになる
確率は？

38 Aの起こらない確率

大小２つのさいころ
を投げるとき，出た
目の数が同じになら
ない確率は？

39 箱ひげ図

次の箱ひげ図で，データの第１四分位数，
中央値，第３四分位数の位置は？

定義，性質の逆があてはまる

答 ・2組の対辺がそれぞれ平行である。（定義）

・2組の対辺がそれぞれ等しい。

・2組の対角がそれぞれ等しい。

・対角線がそれぞれの中点で交わる。

・1組の対辺が平行でその長さが等しい。

対辺，対角，対角線に注目

答 ・2組の対辺はそれぞれ等しい。

・2組の対角はそれぞれ等しい。

・対角線はそれぞれの中点で交わる。

長さが等しいか垂直に交わる

答 長方形 → 対角線の長さは等しい。

ひし形 → 対角線は垂直に交わる。

正方形 → 対角線の長さが等しく，
垂直に交わる。

角や，辺の違いを覚える

答 長方形 → 4つの角がすべて等しい。

ひし形 → 4つの辺がすべて等しい。

正方形 → 4つの角がすべて等しく，
4つの辺がすべて等しい。

樹形図をかいて考える

$\dfrac{2}{4} = \dfrac{1}{2}$ …答

出方は全部で4通り。
1枚が表で1枚が裏の
場合は2通り。

何通りになるか考える

$\dfrac{4}{6} = \dfrac{2}{3}$ …答

目の出方は全部で6通り。

6の約数の目は4通り。
↑
1, 2, 3, 6

表をかいて考える

$\dfrac{6}{36} = \dfrac{1}{6}$ …答

出方は全部で36通り。
同じになるのは6通り。

	1	2	3	4	5	6
1	○					
2		○				
3			○			
4				○		
5					○	
6						○

〔A,B〕，〔B,A〕を同じと考える

答 $\dfrac{2}{3}$

選び方は全部で3通り。
Cが選ばれるのは2通り。

箱ひげ図を正しく読み取ろう

答 第1四分位数…イ

中央値（第2四分位数）…ウ

第3四分位数…エ

アはデータの最小値，オは最大値

（起こらない確率）＝1−（起こる確率）

答 $\dfrac{5}{6}$

$1 - \dfrac{1}{6} = \dfrac{5}{6}$
↑ 同じになる確率

	1	2	3	4	5	6
1	×					
2		×				
3			×			
4				×		
5					×	
6						×

大日本図書版 数学2年 もくじ

ステージ1 ステージ2 ステージ3

発展 →この学年の学習指導要領には示されていない内容を取り上げています。学習に応じて取り組みましょう。

※特別ふろくについて，くわしくは表紙の裏や巻末へ

確認のワーク　ステージ 1　1節　式と計算
① 単項式と多項式　② 同類項

例 1 項と次数　　　　　　　　　　　　　　　教 p.14〜15 → 基本問題 ❶ ❷

多項式 $3x^2-7x-1$ について答えなさい。

(1) 項と定数項をいいなさい。

(2) 次数をいいなさい。

考え方 (1) 多項式を単項式の和の形にして表す。文字をふくまない項を定数項という。

(2) 多項式の各項のうちで，次数が最も高い項の次数を，その多項式の次数という。

解き方 (1)
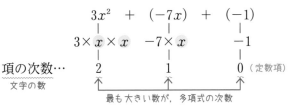

$3x^2 \quad -7x \quad -1$
$= 3x^2 + (-7x) + (-1)$　項の和の形にする。
　　　　　項　　　定数項

したがって，項は $3x^2$，①[　　　]，-1 であり，

定数項は ②[　　　] である。

(2) 各項の次数を調べる。

$$3x^2 \quad + \quad (-7x) \quad + \quad (-1)$$
$$3 \times x \times x \quad -7 \times x \quad \quad -1$$

項の次数… 　 2 　　　　 1 　　　　 0 （定数項）
文字の数
　　　　　最も大きい数が，多項式の次数

次数が最も高い項は，$3x^2$ である。

よって，この多項式の次数は，③[　　　] である。

覚えておこう

単項式…項が1つだけの式
例 $2a$，x^2，-3
多項式…項が2つ以上ある式
例 x^2-4x+1
　　$a-ab+8$
　　$-7x+3y-2$

定数項の次数は
0だよ。

例 2 同類項をまとめる　　　　　　　　　　　教 p.17 → 基本問題 ❸

$5a^2-4a+7a^2+3a$ で，同類項をまとめなさい。

考え方 多項式の項のなかで，同じ文字が同じ個数だけかけ合わされている項どうしを同類項という。まず，同類項の種類ごとに並べかえる。次に，同類項を分配法則を使って1つの項にまとめる。

分配法則
$a\,c + b\,c = (a+b)\,c$
を使って同類項をまとめるよ。

解き方
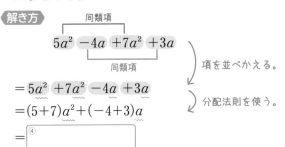

　　　　　同類項
$$5a^2 \quad -4a \quad +7a^2 \quad +3a$$
　　　　　　　同類項　　　　　　　項を並べかえる。

$= 5a^2 + 7a^2 - 4a + 3a$
$= (5+7)a^2 + (-4+3)a$　分配法則を使う。
$= $ ④[　　　　　　　]

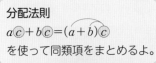

基本問題 解答 p.1

❶ 単項式と多項式　次の式はそれぞれ単項式，多項式のどちらですか。また，多項式については，それぞれの項と定数項をいいなさい。 教 p.14 Q1

(1)　$-3x$

(2)　$x+2y+3$

(3)　x^2+4x-7

(4)　$1-2a^2$

(5)　$\dfrac{1}{3}x-\dfrac{1}{2}y-1$

(6)　$-\dfrac{3}{4}xy$

❷ 単項式と多項式の次数　次の単項式，多項式の次数をいい，それぞれ何次式か答えなさい。 教 p.15 Q4, Q6

(1)　$6a$

(2)　$-xy$

(3)　$-b$

(4)　$4x^2$

(5)　$a-b$

(6)　$5x^2-6x+7$

(7)　$4+9y-6y^2$

(8)　$3a-ab-2b$

> **ここが ポイント**
>
> **単項式の次数**
>   かけ合わされている文字の個数
> **多項式の次数**
>   次数が最も高い項の次数
> **次数1の式 … 1次式**
> **次数2の式 … 2次式**

❸ 同類項をまとめる　次の計算をしなさい。 教 p.17 Q3

(1)　$7x+9x$

(2)　$6+4y-y$

(3)　$3x-7y-5x+9y$

(4)　$ab-a+2ab+2b$

(5)　$-x^2+2x-5x+3x^2$

(6)　$4x^2-3-x^2+3x-2$

> **ミス注意**
>
> $-x^2$ と $2x$ などは，文字は同じ x であるが，次数が2と1で異なるから同類項ではない。

確認のワーク　ステージ1

1節　式と計算
③ 多項式の加法，減法
④ 単項式と単項式との乗法

例1 多項式の加法，減法

教 p.18〜19 → 基本問題 ①②③

次の計算をしなさい。

(1)　$(3x+2y)+(2x-4y)$　　　　(2)　$(5x+7y)-(3x-6y)$

考え方 (1) 多項式の加法は，式の各項を加え，同類項をまとめる。

(2) 多項式の減法は，ひく式の各項の符号を変えて加える。

解き方 (1)　$(3x+2y)+(2x-4y)$

$=3x+2y+2x-4y$ 　そのまま かっこをはずす。

$=3x+2x+2y-4y$ 　項を並べかえる。

$=$ ① ☐ 　同類項をまとめる。

(2)　$(5x+7y)-(3x-6y)$ 　ひく式の符号を変えて かっこをはずす。

$=5x+7y-3x+6y$

　　　　　符号が変わる。　項を並べかえる。

$=5x-3x+7y+6y$

$=$ ② ☐ 　同類項をまとめる。

知ってると得

縦に計算することもできる。

(1)　$3x+2y$
　　$+)2x-4y$
　　① ☐

(2)　$5x+7y$　　　　$5x+7y$
　　$-)3x-6y$ → $+)-3x+6y$
ひく式の符号を　　② ☐
変える。

例2 単項式と単項式との乗法

教 p.20〜21 → 基本問題 ④

次の計算をしなさい。

(1)　$5x×4y$　　　　　　　(2)　$4x×3x^2$

(3)　$(-3x)^2$　　　　　　(4)　$(-6x)×(2x)^2$

考え方 係数の積と文字の積を分けて計算する。

解き方 (1)　$5x×4y=5×x×4×y$

　　　　係数の積　　文字の積 　係数どうし，文字どうしを集める。

$=(5×4)×(x×y)$ 　係数の積と文字の積をかける。

$=$ ③ ☐ xy

(2)　$4x×3x^2=4×x×3×x^2$

$=4×3×x×x×x=12$ ④ ☐

(3)　$(-3x)^2=(-3x)×(-3x)$

$=(-3)×(-3)×x×x$

$=$ ⑤ ☐

(4)　$(-6x)×(2x)^2=(-6x)×4x^2$

$=(-6)×4×x×x×x$

$=$ ⑥ ☐

ミス注意

次の式のちがいに注意。

① $-3x^2=-3×x×x$
　　　$=-3x^2$

② $-(3x)^2=-(3x)×(3x)$
　　　$=-9x^2$

③ $(-3x)^2=(-3x)×(-3x)$
　　　$=(-3)×(-3)×x×x$
　　　$=9x^2$

基本問題 解答 p.1

1章

1 多項式の加法　次の計算をしなさい。 教 p.18 Q1

(1)　$(3x+y)+(7x-4y)$　　　　(2)　$(3a+0.4b)+(6a-0.3b)$

(3)　$\begin{array}{r} x-\ y \\ +)\ 3x+2y \\ \hline \end{array}$　　　　(4)　$\begin{array}{r} -2a+6b \\ +)\ \ 8a-5b \\ \hline \end{array}$

2 多項式の減法　次の計算をしなさい。 教 p.19 Q3

(1)　$(3x-2y)-(x-4y)$　　(2)　$(-2a+b)-(-7a+5b)$

たいせつ

多項式の減法
$-(\ \ \ )$は，$(\ \ \ )$のなかの符号をすべて変えて$(\ \ \ )$をはずす。

(3)　$\begin{array}{r} 4x-3y \\ -)\ 2x+6y \\ \hline \end{array}$　　　(4)　$\begin{array}{r} -3a-7b \\ -)\ -5a+\ b \\ \hline \end{array}$

3 多項式の加法，減法　次の各組の式で，前の式に後の式を加えなさい。また，前の式から後の式をひきなさい。 教 p.18 Q2, p.19 Q4

(1)　$3x-2y+5,\ -2x+4y-2$

前の式と後の式にかっこをつけて，
$(前の式)+(後の式)$，
$(前の式)-(後の式)$
として計算すればいいね。

(2)　$x^2+2x-5,\ -3x^2+7x-8$

(3)　$7a+5b-2c,\ -4a-6b+8c$

4 単項式と単項式との乗法　次の計算をしなさい。 教 p.20～21

(1)　$(-2x)\times5y$　　　　(2)　$(-3a)\times(-5b)$

(3)　$7x\times(-x^2)$　　　　(4)　$a^3\times a^2$

(5)　$(-6a)^2$　　　　(6)　$-(6a)^2$

(7)　$(3x)^2\times(-5x)$　　　　(8)　$(-4a)\times(-3a)^2$

確認のワーク **ステージ 1**

1節　式と計算
⑤　単項式を単項式でわる除法　　⑥　多項式と数との計算
⑦　式の値

例1　単項式を単項式でわる除法　教 p.22〜23 → 基本問題①

次の計算をしなさい。

(1)　$15xy \div 3x$

(2)　$4a^2 \div \dfrac{2}{3}a$

考え方　(1)　$a \div b$ を分数の形 $\dfrac{a}{b}$ にして約分する。

(2)　わる単項式の逆数をかける乗法になおして計算する。

たいせつ

(2)では，
$\dfrac{2}{3}a = \dfrac{2a}{3}$ と考えて，
逆数をかける。

$\div \dfrac{2}{3}a$ ➡ $\times \dfrac{3}{2a}$

解き方　(1)　$15xy \div 3x$

$= \dfrac{\overset{5}{\cancel{15}}\,\overset{1}{\cancel{x}}y}{\underset{1}{\cancel{3}}\,\underset{1}{\cancel{x}}}$　分数の形にする。

分母へ

約分する。

$=$ ①〔　　　　　〕

(2)　$4a^2 \div \dfrac{2}{3}a$

$= \overset{2}{\cancel{4}} \times a \times \overset{1}{\cancel{a}} \times \dfrac{3}{\underset{1}{\cancel{2a}}}$　逆数をかける。

$=$ ②〔　　　　　〕

例2　多項式と数との計算　教 p.24〜25 → 基本問題②

次の計算をしなさい。

(1)　$2(3x+y)-6(2x-5y)$

(2)　$(9x-12y) \div 3$

考え方　(1)　分配法則を使ってかっこをはずしてから同類項をまとめる。

(2)　分数の形にして，項に分けてから約分して計算する。

解き方　分配法則を使う。

(1)　$2(3x+y)-6(2x-5y)$

$= 2 \times 3x + 2 \times y - 6 \times 2x - 6 \times (-5y)$

$= 6x + 2y - 12x + 30y$　項を並べかえる。

$= 6x - 12x + 2y + 30y$　同類項をまとめる。

$=$ ③〔　　　　　〕

(2)　$(9x-12y) \div 3$　分数の形にする。

$= \dfrac{9x-12y}{3}$

$= \dfrac{\overset{3}{\cancel{9x}}}{\underset{1}{\cancel{3}}} - \dfrac{\overset{4}{\cancel{12y}}}{\underset{1}{\cancel{3}}}$　項に分けてから約分する。

$=$ ④〔　　　　　〕

例3　式の値　教 p.26〜27 → 基本問題④

$x=3$，$y=-5$ のときの，式 $4x+2y$ の値を求めなさい。

考え方　$4x+2y$ に，$x=3$，$y=-5$ を代入する。

解き方　$4x+2y$

xに 3 を代入する。　　yに-5を代入する。

$= 4 \times 3 + 2 \times (-5)$　← かっこをつける。

$= 12 -$ ⑤〔　　　〕$=$ ⑥〔　　　〕

負の数を代入するときは，かっこをつけるんだね。

基本問題 ••• 解答 **p.2**

① 単項式を単項式でわる除法 　次の計算をしなさい。 数 p.22〜23

(1) $16xy \div (-8y)$ 　　　　　　　　　(2) $(-30ab) \div (-5a)$

(3) $24a^3 \div 6a$ 　　　　　　　　　　(4) $(-10xy) \div \dfrac{2}{5}x$

(5) $4a^2 \times (-3b) \div \dfrac{2}{9}ab$ 　　　　　(6) $6x \div \dfrac{3}{5}xy \times (-2y)$

② 多項式と数との計算 　次の計算をしなさい。 数 p.24〜25

(1) $5(3x+2y)$ 　　　　　(2) $-7(a-3b)$

ここが ポイント

多項式と数との乗法では，分配法則を使って計算する。

$a(b+c) = ab + ac$
$(a+b)c = ac + bc$

(3) $3(x-y)+2(-x+y)$ 　(4) $4(a-2b)-3(2a-b)$

(5) $(-7x+28y) \div 7$ 　　(6) $(18x-24y+6) \div (-6)$

③ 分数をふくむ式の計算 　次の計算をしなさい。 数 p.25 Q4

(1) $\dfrac{1}{4}(x-3y)+\dfrac{1}{3}(4x-2y)$ 　　　(2) $\dfrac{1}{3}(x+2y)-\dfrac{1}{5}(2x-4y)$

(3) $\dfrac{5x-2y}{6}+\dfrac{x+7y}{3}$ 　　　　　(4) $\dfrac{-x+3y}{2}-\dfrac{2x+y}{5}$

④ 式の値 　次の(1)〜(3)に答えなさい。 数 p.26〜27

(1) x，y に次の値を代入して，式 $4x-2y$ の値を求めなさい。

① $x=-2$，$y=3$ 　　　② $x=-\dfrac{1}{2}$，$y=-5$

式が計算できるときは，式を簡単にしてから数を代入しよう。

(2) $x=1$，$y=-3$ のときの，式 $(2x-3y)-(4x+5y)$ の値を求めなさい。

(3) $a=-3$，$b=5$ のときの，式 $3a^2 \div ab \times 2b^2$ の値を求めなさい。

 **1節 式と計算**

❶ 多項式 $-xy+\dfrac{1}{2}xy^2-3$ について，次の問いに答えなさい。

(1) 項と定数項をいいなさい。

(2) 何次式ですか。

❷ 次の計算をしなさい。

(1) $a+2b-\dfrac{1}{3}a-\dfrac{1}{2}b$

(2) $(0.8x+3y)+(y-0.4x)$

(3) $(4x+2y-z)-(x-3y+2z)$

(4) $\left(\dfrac{5}{3}x-\dfrac{3}{4}y\right)-\left(\dfrac{1}{2}x-\dfrac{1}{3}y\right)$

(5) $\begin{array}{r} 7x+5y-2 \\ +)\,-4x-6y+8 \\ \hline \end{array}$

(6) $\begin{array}{r} 5a-4b+3 \\ -)\,2a-\ b+1 \\ \hline \end{array}$

❸ 次の計算をしなさい。

(1) $(-a)^2\times3ab$

(2) $\left(-\dfrac{1}{3}xy\right)\div\dfrac{1}{6}x$

(3) $24ab\div\dfrac{8}{3}a\times\left(-\dfrac{3}{2}b\right)$

(4) $18x^2y\div\dfrac{3}{2}xy\div\left(-\dfrac{8}{3}x\right)$

❹ 次の計算をしなさい。

(1) $\dfrac{1}{2}(8x-10y)$

(2) $-2(3x-4y)+4(2x-5y)$

(3) $3(3x-4y)-2(6x-7y)$

(4) $(9x-6y)\div\left(-\dfrac{3}{2}\right)$

❷ −（ ）のかっこをはずすときは，（ ）のなかの符号をすべて変える。

❸ (2)(3)(4) わる式の逆数をかけて乗法になおす。$\dfrac{\blacksquare}{\bullet}$ の形は，$\dfrac{\bullet\times\blacktriangle}{\blacksquare}$ として逆数を考える。

5 次の計算をしなさい。

(1) $\dfrac{1}{3}(4x-y)-\dfrac{1}{2}(x+5y-3)$

(2) $\dfrac{a+4b}{5}+\dfrac{3a-2b}{4}$

(3) $\dfrac{3x+y}{2}-\dfrac{x-4y}{4}$

レベルUP (4) $\dfrac{5y-x}{2}-\dfrac{2x+y}{4}+\dfrac{3x+2y}{3}$

6 $x=-4$, $y=3$ のときの，次の式の値(あたい)を求めなさい。

(1) $2(x-3y)-3(2x+y)$

(2) $9x^2y \div 3x$

7 次の(1)，(2)に答えなさい。

(1) $A=3x-7y+4$, $B=6x-2y+3$ として，次の式を計算しなさい。

① $A-2(A-B)$

レベルUP ② $\dfrac{1}{4}A-\dfrac{1}{3}B$

(2) $a=-4$, $b=\dfrac{1}{9}$ のときの，式 $12a^2b \times (-2b) \div \dfrac{4}{3}ab$ の値を求めなさい。

1 次の計算をしなさい。

(1) $2(5a+b)-3(3a-2b)$ 〔大分〕

(2) $\dfrac{x-y}{2}-\dfrac{x+3y}{7}$ 〔静岡〕

(3) $8x^2y \times (-6xy) \div 12xy^2$ 〔富山〕

(4) $4a^2b \div \left(-\dfrac{2}{5}ab\right) \times 7b^2$ 〔京都〕

2 $x=-\dfrac{1}{5}$, $y=3$ のとき，$3(2x-3y)-(x-8y)$ の値を求めなさい。 〔福島〕

6 7 式の値を求めるときは，式を簡単にしてから数を代入するとよい。

7 (1) A, B をそれぞれかっこをつけて $(3x-7y+4)$，$(6x-2y+3)$ として式に代入する。

1 (1) 分配法則を使って計算する。

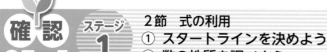

確認のワーク　ステージ1

2節　式の利用
① スタートラインを決めよう
② 数の性質を調べよう

例1 数量の調べ方

教 p.29〜30 → 基本問題 1

　半径 x m の円の形をした土地のまわりに，幅 2 m の道路がついています。この道路の外周と内周の差を求めなさい。

考え方　外周と内周をそれぞれ x を用いて表し，(外周)−(内周) を求める。

解き方　道路の外周は半径が　①□□□　m の円周であり，内周は半径 x m の土地の円周だから，その差は，

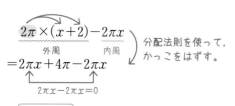

$$2\pi \times (x+2) - 2\pi x$$

外周　　　内周

分配法則を使って，かっこをはずす。

$$= 2\pi x + 4\pi - 2\pi x$$

$2\pi x - 2\pi x = 0$

$$= ②□□□$$

答　②□□□ m

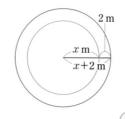

覚えておこう

半径 r の円の周の長さ ℓ は，$\ell = 2\pi r$

半径が何 m でも，外周と内周の差は，一定の値になるね。

例2 数の性質を調べよう

教 p.33 → 基本問題 2 3 4 5

　十の位の数と一の位の数との和が 9 である 2 桁の自然数は 9 の倍数になることを，文字を使って説明しなさい。

考え方　2 桁の自然数を文字を使って表し，一の位の数と十の位の数の和が 9 であることから，9×(整数) となることを説明する。

解き方　2 桁の自然数の十の位の数を x，一の位の数を y とすると，2 桁の自然数は，$10x+y$ と表せる。

また，一の位の数と十の位の数の和が 9 なので，
$x+y=9$ の関係が成り立つ。

このとき，

$$10x+y=9x+x+y$$

$x+y=9$ を使うために，$10x=9x+x$ と変形する。

$x+y$ を 9 に置きかえる。

$$=9x+9$$

分配法則を使って変形する。

$$=9(x+1)$$

整数

ここがポイント

ある数の倍数は，
(ある数)×(整数)
と表せる。
例　5 の倍数 … $5n$ (n は整数)

③□□□ は整数だから，④□□□ は 9 の倍数である。

したがって，十の位の数と一の位の数の和が 9 である 2 桁の自然数は，9 の倍数である。

基本問題 ··· 解答 p.5

1 数量の調べ方　右の図は，横の長さが a m，縦の長さが b m の長方形の畑を幅 c m の道路で囲んだものです。

 p.29〜30

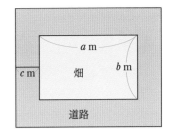
a m
畑
b m
c m
道路

(1)　道路の面積を求めなさい。

(2)　畑の面積を求めなさい。

(3)　道路の面積から畑の面積をひいた差は，何 m² になりますか。

2 数の性質の説明　7 の倍数どうしの和は，7 の倍数です。このことを，文字を使って説明しなさい。
教 p.31

3 偶数と奇数の問題　偶数と偶数との和は偶数となります。このことを，文字を使って説明しなさい。
教 p.32 Q 3

m, n を整数とすると，
偶数 … $2m$
奇数 … $2n+1$
と表せるね。

4 偶数と奇数の問題　奇数から奇数をひいた差は，偶数となります。このことを，文字を使って説明しなさい。
教 p.32 Q 3

5 数の性質の説明　一の位の数が 0 ではない 3 桁の自然数から，その数の百の位と一の位の数を入れかえてできる自然数をひいた差は，99 の倍数となります。このことを，文字を使って説明しなさい。
教 p.33活動 3

左ページの 例 の答え　① $x+2$　② 4π　③ $x+1$　④ $9(x+1)$

確認のワーク　ステージ1　3節　関係を表す式
① 等式の変形

例1 等式の変形(1)

教 p.34 → 基本問題 1

次の式を，[ ]内の文字について解きなさい。

(1) $x-3y=6$ [y]

(2) $3a=2b+6$ [b]

考え方 初めの式を変形して x の値を求める式を導くことを，x について**解く**という。

等式の性質を使って，(1) $y=$ ▨，(2) $b=$ ▨ の形に変形する。

解き方 (1)

$$x-3y=6$$

x を移項すると，　$-3y=6-x$

両辺を -3 でわると，　$y=$ [①　　　]

(2)
$$3a=2b+6$$

両辺を入れかえると，　$2b+6=3a$

6 を移項すると，　$2b=3a-6$

両辺を 2 でわると，　$b=$ [②　　　]

思い出そう

等式の性質

$A=B$ ならば

1　$A+C=B+C$

2　$A-C=B-C$

3　$AC=BC$

4　$\dfrac{A}{C}=\dfrac{B}{C}$ (ただし，$C\neq0$)

5　$B=A$

例2 等式の変形(2)

教 p.35 → 基本問題 2

底面の円の半径が r cm，高さが h cm の円すいの体積を V cm³ とすると，$V=\dfrac{1}{3}\pi r^2 h$ と表せます。これを，高さを求める式に変形し，底面の円の半径が 3 cm，体積が 45π cm³ のときの高さを求めなさい。

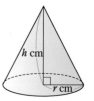

考え方 h について解くと，高さを求める式ができる。

解き方
$$V=\frac{1}{3}\pi r^2 h$$

$$\frac{1}{3}\pi r^2 h=V$$

$$\pi r^2 h=3V$$

$$h=\text{[③　　　]}$$

両辺を入れかえる。

両辺に 3 をかける。

両辺を πr^2 でわる。

これに，$r=3$，$V=45\pi$ を代入すると，

$$h=\frac{3\times45\pi}{\pi\times3^2}$$

$$=\text{[④　　　]}$$

思い出そう

円すいの体積
＝(底面積)×(高さ)×$\dfrac{1}{3}$

答 高さ [④　　　] cm

解答 p.5

基本問題

1 等式の変形　次の式を [　] 内の文字について解きなさい。

教 p.34 Q 1

(1)　$3x = 8y$　$[x]$

(2)　$x + 5y = 10$　$[y]$

(3)　$4x - 3y + 5 = 0$　$[y]$

(4)　$a - 2b = 4$　$[b]$

(5)　$2a = \dfrac{1}{3}b + 1$　$[b]$

(6)　$\dfrac{a}{4} + \dfrac{b}{5} = 1$　$[b]$

x について解くときは，x の項以外は，すべて右辺へ移項すればいいね。

2 等式の変形　底面の 1 辺の長さが a cm，高さが h cm の正四角柱があります。表面積を S cm² として，次の(1)～(3)に答えなさい。

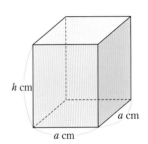

h cm

a cm

a cm

教 p.35 Q 2, 3

(1)　表面積 S を a，h を使った式で表しなさい。

(2)　高さを求める式を導きなさい。

(3)　(2)の式を使って，表面積が 56 cm²，底面の 1 辺の長さが 2 cm のときの高さを求めなさい。

3 比の性質　$a : x = b : y$ ならば，$a : b = x : y$ であることを説明しました。次の □ をうめなさい。

教 p.37 学びにプラス

[説明]

$a : x = b : y$

両辺の比の値をとると，　$\dfrac{a}{x} = \boxed{}^{①}$

両辺に $\boxed{}^{②}$ をかけて，　$\dfrac{a}{b} = \boxed{}^{③}$

したがって，　$a : b = x : y$

覚えておこう

比の性質は，

外×外＝内×内　と覚えておこう。

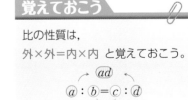

ad

$a : b = c : d$

bc

ならば，　$ad = bc$

4 比の性質　次の比例式を解きなさい。

教 p.37 学びにプラス

(1)　$x : 25 = 3 : 5$

(2)　$18 : x = 6 : 7$

解答 ▶ p.6

 **ステージ 2　2節　式の利用　　3節　関係を表す式**

1 1辺の長さが a cm の正方形があります。この正方形の1辺の長さを $\dfrac{1}{2}$ にすると，面積は何倍になりますか。

2 底面の半径が r cm，高さが h cm の円すいがあります。この円すいの底面の半径を半分にし，高さを3倍にすると，体積は何倍になりますか。

3 1，2，3，4のような連続する4つの整数の和は，偶数である。このことを，文字を使って説明しなさい。

4 1，3，5や7，9，11などのような，連続する3つの奇数の和について，次の(1)〜(3)に答えなさい。

(1)　n を整数として，いちばん小さい奇数を $2n+1$ とすると，他の2つの奇数はどのように表すことができますか。

(2)　(1)を利用して，連続する3つの奇数の和が奇数になることを説明しなさい。

(3)　(1)を利用して，連続する3つの奇数の和が，真ん中の奇数の3倍になっていることを説明しなさい。

5 各位の数の和が3の倍数になる3桁の自然数は，3の倍数になります。このことを，文字を使って説明しなさい。

3 いちばん小さい整数を n とすると，他の3つの整数は $n+1$，$n+2$，$n+3$ と表せる。
5 百の位の数を x，十の位の数を y，一の位の数を z として，3桁の自然数を x，y，z を使って表す。$x+y+z=3n$（n は整数）として考えよう。

6 次の式を，[　]内の文字について解きなさい。

(1)　$6x - 2y = 4$　$[y]$

(2)　$y = \dfrac{2a+3b}{5}$　$[a]$

(3)　$\ell = 2(x+y)$　$[y]$

(4)　$3ab = 1$　$[a]$

(5)　$y = a(x-3) - b$　$[x]$

(6)　$V = \dfrac{1}{3}Sh$　$[h]$

7 縦が a m，横が b m の長方形の土地に，右の図のような道路をつくり，残りを畑にしました。

(1)　畑の面積を S m^2 として，S を a，b，c を使って表しなさい。

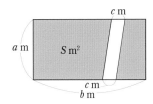

(2)　(1)の式を c について解きなさい。

入試問題をやってみよう！

1 次の文章は，連続する5つの自然数について述べたものです。文章中の　A　にあてはまる最も適当な式を書きなさい。また，　a　，　b　，　c　，　d　にあてはまる自然数をそれぞれ書きなさい。　〔愛知〕

> 連続する5つの自然数のうち，最も小さい数を n とすると，最も大きい数は　A　と表される。
> このとき，連続する5つの自然数の和は　a　$(n+$　b　$)$ と表される。
> このことから，連続する5つの自然数の和は，小さいほうから　c　番目の数の　d　倍となっていることがわかる。

6 (1) $6x$ を移項してから，両辺を -2 でわる。
7 (長方形の土地の面積)−(道路の面積)を a，b，c を使って表す。
1 和を求めて，その数が連続する自然数のいずれかを何倍かしたものといえればよい。

実力判定テスト ステージ **3** 式と計算

40分 /100

1 次の①〜⑤の式について，下の(1)〜(3)に答えなさい。 2点×4(8点)

① $3x^2y$ ② $3x-2y$ ③ $2x^2-5x-2$ ④ $-\dfrac{3}{4}x^2$ ⑤ $\dfrac{x}{3}-\dfrac{y}{2}$

(1) 単項式をすべて選び，番号で答えなさい。

( )

(2) 2次式をすべて選び，番号で答えなさい。

( )

(3) ③の式の項をいいなさい。また，定数項をいいなさい。

項( )

定数項( )

2 次の計算をしなさい。 4点×8(32点)

(1) $(3x-y+3)-(-2x+3y+2)$ (2) $10ab\div\dfrac{2}{3}a\times6b$

( )   ( )

(3) $4(3x^2-x+7)$ (4) $(6a^2-9ab+3b^2)\div\left(-\dfrac{3}{4}\right)$

( )   ( )

(5) $-3(2a-5b)+5(4a-b)$ (6) $2(3x-y)-3(x+y)$

( )   ( )

(7) $\dfrac{3x+y}{4}-\dfrac{x-y}{3}$ (8) $3x-y-\dfrac{x-5y}{4}$

( )   ( )

3 $x=0.5$，$y=-2$ のときの，次の式の値を求めなさい。 5点×2(10点)

(1) $3(2x-y)-4(x-y)$ (2) $-28x^2y^2\div7x$

( )   ( )

目標 ❷❸は確実に計算できるようにしておこう。❻❼は文字を使った説明ができるようにしておこう。

自分の得点まで色をぬろう！

😟がんばろう！　😐もう一歩　😊合格！

0　　　　　　　　　60　　80　100点

1章

4 $A=4a^2+a$, $B=-2a+5$, $C=a^2-3$ のとき，次の式を，a を使って表しなさい。

(1) $A-2B-4C$

(2) $2A-3(A-C)+B$　　　　4点×2(8点)

(　　　　　　　　)

(　　　　　　　　)

5 右の図のような立体の体積と表面積を，それぞれ式で表しなさい。　　　　4点×2(8点)

体積(　　　　　　　　)

表面積(　　　　　　　　)

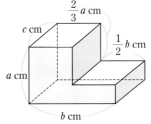

$\frac{2}{3}a$ cm

c cm

$\frac{1}{2}b$ cm

a cm

b cm

6 底面の半径と高さが等しい円柱があります。この円柱の底面の半径と高さをそれぞれ2倍にすると，体積は何倍になりますか。文字を使って説明しなさい。　　　　(8点)

7 十の位の数が0でない4桁の整数をAとします。Aの千の位の数と十の位の数を入れかえ，百の位の数と一の位の数を入れかえてできる整数をBとすると，$A-B$は99の倍数となります。このことを文字を使って説明しなさい。　　　　(10点)

8 次の等式を，[　]内の文字について解きなさい。　　　　4点×2(8点)

(1) $4x-2y=10$ $[y]$

(2) $S=\frac{1}{2}(a+b)h$ $[b]$

(　　　　　　　　)

(　　　　　　　　)

9 底面の半径が$r$cm，高さが$h$cmの円柱があります。この円柱の表面積をSとするとき，Sをr，hを使って表しなさい。また，その式をhについて解きなさい。　　　　4点×2(8点)

(　　　　　　)(　　　　　　)

アプリ【どこでもワーク計算編】をやって，さらに力をつけよう！

1節　連立方程式
① 2元1次方程式とその解　② 連立方程式とその解
2節　連立方程式の解き方　① 連立方程式の解き方(1)

例1 連立方程式とその解

教 p.43〜44 → 基本問題①②

連立方程式 $\begin{cases} 3x+y=10 & \cdots\cdots① \\ x-2y=1 & \cdots\cdots② \end{cases}$ の解を，下の⑦〜⑰のなかから選びなさい。

⑦ $(2,\ 4)$　　　　⑦ $(3,\ 1)$　　　　⑰ $(5,\ 2)$

考え方 2つの2元1次方程式を組にしたものを**連立方程式**という。組にした方程式の両方を成り立たせる $x,\ y$ の値の組 $(x,\ y)$ を，その連立方程式の**解**という。

解き方 ⑦，⑦，⑰のそれぞれの $x,\ y$ の値の組 $(x,\ y)$ が①，②の式を成り立たせるか調べる。

⑦ $x=2$，$y=4$ を①，②の式に代入すると，

① 左辺$=3\times2+4=10$　　右辺$=10$ ⟶ 成り立つ。

② 左辺$=2-2\times4=-6$　右辺$=1$ ⟶ 成り立たない。

⑦ $x=3$，$y=1$ を①，②の式に代入すると，

① 左辺$=3\times3+1=10$　　右辺$=10$ ⟶ 成り立つ。

② 左辺$=3-2\times1=1$　　右辺$=1$ ⟶ 成り立つ。

⑰ $x=5$，$y=2$ を①，②の式に代入すると，

① 左辺$=3\times5+2=17$　　右辺$=10$ ⟶ 成り立たない。

② 左辺$=5-2\times2=1$　　右辺$=1$ ⟶ 成り立つ。

①，②の方程式を両方とも成り立たせる $(x,\ y)$ の組は，□① であるから，この連立方程式の解は，□② である。

> **覚えておこう**
> 連立方程式の解を求めることを，その連立方程式を**解く**という。

例2 加減法

教 p.46〜49 → 基本問題③

連立方程式 $\begin{cases} 3x-4y=10 & \cdots\cdots① \\ 2x+3y=1 & \cdots\cdots② \end{cases}$ を解きなさい。

考え方 2つの式の左辺と左辺，右辺と右辺をそれぞれ加えたりひいたりして，1つの文字を消去して解く。連立方程式のこのような解き方を**加減法**という。

解き方 絶対値を等しくする。

かける数→ ①×2　　$6x-8y=20$ ← ①の両辺に2をかける。
はできる　②×3 $\underline{-)\ 6x+9y=\ 3}$ ← ②の両辺に3をかける。
だけ小さく　　　　　$-17y=17$ ⟩両辺を -17 でわる。
　　　　　　xを消去　　$y=$□③

$y=-1$ を①に代入すると，$3x-4\times(-1)=10$
　　　　　②に代入してもよい。
　　　　　　　　　$3x=6$ ⟩移項して整理する。
　　　　　　　　　$x=$□④ ⟩両辺を3でわる。

> **思い出そう**
> 等式の性質
> $A=B$
> $\underline{+)\ C=D}$
> $A+C=B+D$

答 $\begin{cases} x=\text{□④} \\ y=\text{□③} \end{cases}$

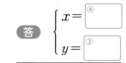

基 本 問 題 ···················· 解答 p.9

1 連立方程式とその解　次の連立方程式について，下の(1)〜(3)に答えなさい。 教 p.42〜44

$$\begin{cases} x+y=7 & \cdots\cdots① \\ 2x+3y=12 & \cdots\cdots② \end{cases}$$

覚えておこう

2つの文字 x, y をふくむ等式 $ax+by=c$ の形で表される方程式を，x, y についての2元1次方程式という。

(1) 2元1次方程式①の解を，下の表にまとめました。□ をうめなさい。

x	1	2	3	4	5	6	7	8	9
y	6	5							-2

(2) 2元1次方程式②の解を，下の表にまとめました。□ をうめなさい。

両方の方程式を成り立たせる x, y の値の組が，連立方程式の解だね。

x	1	2	3	4	5	6	7	8	9
y	$\dfrac{10}{3}$	$\dfrac{8}{3}$			$\dfrac{2}{3}$	0			

(3) (1), (2)の表から，この連立方程式の解を求めなさい。

2 連立方程式とその解　次の(1), (2)の値の組が指定された連立方程式の解であるかどうか調べなさい。 教 p.44 Q1

(1) $(2,\ 3)$

$$\begin{cases} 3x-2y=0 \\ 5x+4y=22 \end{cases}$$

(2) $(-9,\ 2)$

$$\begin{cases} 4y+1=-x \\ x+3y=2 \end{cases}$$

3 加減法　次の連立方程式を加減法で解きなさい。 教 p.47 Q2〜p.49 Q7

(1) $\begin{cases} x+y=2 \\ 2x+y=13 \end{cases}$

(2) $\begin{cases} 3x+2y=5 \\ -3x+5y=2 \end{cases}$

(3) $\begin{cases} x+3y=4 \\ 5x+2y=-6 \end{cases}$

(4) $\begin{cases} 7x-4y=5 \\ 2x-y=1 \end{cases}$

(5) $\begin{cases} 3x+5y=4 \\ 5x+4y=11 \end{cases}$

(6) $\begin{cases} 2x+3y=-11 \\ 3x+2y=-4 \end{cases}$

ここがポイント

消去する文字は次のようにして決める。
① 係数の絶対値が等しい文字はないか？
② 一方の式を何倍かして係数の絶対値が等しくなる文字はないか？
③ 2つの式を何倍かするときは，係数の最小公倍数が小さい文字はどちらか？

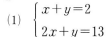

左ページの 例 の答え　①$(3,\ 1)$　②⑦　③-1　④2

確認のワーク　ステージ1

2節　連立方程式の解き方
① 連立方程式の解き方(2)
② いろいろな連立方程式の解き方(1)

例1 代入法 ── 教 p.51 →基本問題1

連立方程式 $\begin{cases} x=2y-4 & \cdots\cdots① \\ 2x+y=7 & \cdots\cdots② \end{cases}$ を解きなさい。

考え方 代入して1つの文字を消去する連立方程式の解き方を**代入法**という。②の x に①の
右辺 $2y-4$ を代入し，x を消去して y の値を求める。

解き方 ①を②に代入すると，

$2(2y-4)+y=7$ 　　　）かっこをはずす。
$4y-8+y=7$ 　　　）移項して整理する。
$5y=15$ 　　　）両辺を5でわる。
$y=\boxed{①}$

$y=3$ を①に代入すると，$x=2\times\boxed{①}-4$ 　　$\begin{cases} x=\boxed{②} \\ y=\boxed{①} \end{cases}$
↑
②に代入してもよい。　$x=\boxed{②}$　　答

解は，
$x=2,\ y=3$
と書くこともあるよ。

例2 かっこ，小数，分数をふくむ連立方程式 ── 教 p.52〜53 →基本問題2

次の連立方程式を解きなさい。

(1) $\begin{cases} 5x-2y=3 & \cdots\cdots① \\ 2(x+2y)=7-x & \cdots\cdots② \end{cases}$ 　　(2) $\begin{cases} \dfrac{x}{3}+\dfrac{y}{5}=1 & \cdots\cdots① \\ 0.7x+0.6y=2.1 & \cdots\cdots② \end{cases}$

考え方 (1) かっこをはずして，$ax+by=c$ の形にして解く。

(2) 係数に小数や分数があるときは，係数を整数になおしてから解く。

解き方 (1)　$2(x+2y)=7-x$ 　　　）②のかっこをはずす。
$2x+4y=7-x$ 　　　）移項して整理する。
$3x+4y=7$ 　　$\cdots\cdots③$

①，③を連立方程式として解くと，　　答 $\begin{cases} x=\boxed{③} \\ y=\boxed{④} \end{cases}$

$x=\boxed{③}$ ，$y=\boxed{④}$

(2)　①×15　$\left(\dfrac{x}{3}+\dfrac{y}{5}\right)\times15=1\times15$ ← 両辺に分母3と5の
　　　　　　　　　　　　　　　　　　　最小公倍数15をかける。
$5x+3y=15$ 　$\cdots\cdots③$ ← 係数を整数にする。

②×10　$(0.7x+0.6y)\times10=2.1\times10$ ← 両辺に10をかける。
$7x+6y=21$ 　$\cdots\cdots④$ ← 係数を整数にする。

③，④を連立方程式として解くと，$x=\boxed{⑤}$ ，$y=\boxed{⑥}$

答 $\begin{cases} x=\boxed{⑤} \\ y=\boxed{⑥} \end{cases}$

▶ たいせつ

かっこがあるとき
かっこをはずす。
係数に小数があるとき
両辺に10や100などをかけて係数を整数になおす。
係数に分数があるとき
両辺に分母の最小公倍数をかけて係数を整数になおす。

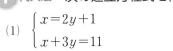 解答 p.9

1 代入法　次の連立方程式を代入法で解きなさい。 教 p.51

(1) $\begin{cases} x=2y+1 \\ x+3y=11 \end{cases}$ 　(2) $\begin{cases} y=-4x \\ 2x+y=4 \end{cases}$

(3) $\begin{cases} x=-3y \\ 2x+5y=1 \end{cases}$ 　(4) $\begin{cases} 2x+y=13 \\ x=y+2 \end{cases}$

(5) $\begin{cases} y=2x-3 \\ x+2y=-1 \end{cases}$ 　(6) $\begin{cases} 2x-y=13 \\ x=2y+14 \end{cases}$

ここが ポイント
一方の式が，
$x=\boxed{}$，$y=\boxed{}$
のときは，代入法で文字
を消去するとよい。

2 章

2 かっこ，小数，分数をふくむ連立方程式　次の連立方程式を解きなさい。 教 p.52〜53

(1) $\begin{cases} 3x-2(y-5)=12 \\ x+y=4 \end{cases}$ 　(2) $\begin{cases} 2x+4y=10 \\ 7(x-2y)+9y=-3 \end{cases}$

(3) $\begin{cases} 0.2x-0.1y=0.3 \\ 2x+3y=7 \end{cases}$ 　(4) $\begin{cases} 2x+3y=1 \\ 0.03x-0.05y=0.11 \end{cases}$

(5) $\begin{cases} \dfrac{x}{2}-\dfrac{y}{3}=1 \\ 4x-3y=12 \end{cases}$ 　(6) $\begin{cases} x+2y=1 \\ \dfrac{x}{2}-\dfrac{y}{4}=3 \end{cases}$

(7) $\begin{cases} 0.3x-0.4y=0.7 \\ 0.2x+0.1y=1.2 \end{cases}$ 　(8) $\begin{cases} 0.1x-0.3y=1.3 \\ \dfrac{x}{2}+\dfrac{y}{3}=1 \end{cases}$

式の両辺に数をかけ
るときは，右辺にも
かけ忘れないように
しよう。

左ページの 例 の答え　①3　②2　③1　④1　⑤3　⑥0

確認 のワーク ステージ1 **2節　連立方程式の解き方　② いろいろな連立方程式の解き方(2)**
発展 **学びにプラス　3つの文字をふくむ連立方程式**

例1 $A=B=C$ の形の方程式

教 p.54 → 基本問題❶

方程式 $x+2y=3x-y-9=1$ を解きなさい。

考え方 $A=B=定数$ の形は，定数を2回使って，$\begin{cases} A=定数 \\ B=定数 \end{cases}$ の連立方程式をつくる。

解き方 次のような連立方程式をつくる。

$$\begin{cases} x+2y=1 & \cdots\cdots① \\ 3x-y-9=1 & \cdots\cdots② \end{cases}$$

← $=1$ の式を2つつくる。

②を移項して簡単にすると，

$$\begin{cases} x+2y=1 & \cdots\cdots① \\ 3x-y=10 & \cdots\cdots③ \end{cases}$$

①，③を連立方程式として解くと，$x=\boxed{①}$，$y=\boxed{②}$

> **たいせつ**
>
> $A=B=C$ の方程式は，次の3つの
> 連立方程式のどれで解いてもよい。
> $$\begin{cases} A=B \\ A=C \end{cases} \quad \begin{cases} A=B \\ B=C \end{cases} \quad \begin{cases} A=C \\ B=C \end{cases}$$

答 $\begin{cases} x=\boxed{①} \\ y=\boxed{②} \end{cases}$

発展 ## 例2 3つの文字をふくむ連立方程式

教 p.64 → 基本問題❸

次の連立方程式を解きなさい。

$$\begin{cases} x+y+z=30 & \cdots\cdots① \\ 4x+3y+z=90 & \cdots\cdots② \\ 2x+y+3z=50 & \cdots\cdots③ \end{cases}$$

考え方 z を消去して，x と y の連立方程式を導いて解く。

解き方 ②−① で z を消去する。

$$\begin{array}{r} ② \quad 4x+3y+z=90 \\ ① \quad -)\ x+\ y+z=30 \\ \hline 3x+2y=60 \quad \cdots\cdots④ \end{array}$$

①×3−③ で z を消去する。

$$\begin{array}{r} ①×3 \quad 3x+3y+3z=90 \\ ③ \quad -)2x+\ y+3z=50 \\ \hline x+2y=40 \quad \cdots\cdots⑤ \end{array}$$

← ①の両辺に
3をかける。

④と⑤で連立方程式をつくると，

$$\begin{cases} 3x+2y=60 & \cdots\cdots④ \\ x+2y=40 & \cdots\cdots⑤ \end{cases}$$

これを解くと，$x=\boxed{③}$，$y=\boxed{④}$

$x=10$，$y=15$ を①に代入して，$z=\boxed{⑤}$

> **ここがポイント**
>
> 3つの文字をふくむ連立方程式を解くには，1つの文字を消去して，文字が2つの連立方程式を導けばよい。

はじめに消去する文字は，消去しやすい文字を選べばいいよ。

答 $\begin{cases} x=\boxed{③} \\ y=\boxed{④} \\ z=\boxed{⑤} \end{cases}$

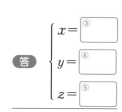

基本問題 •• 解答 ▶ p.10

1 $A = B = C$ の形の方程式　次の方程式を解きなさい。

(1) $3x - y = x - 2y = 5$

(2) $4x - 3y = 3x + 2y = 17$

(3) $5x - 4y = 4x - 5y + 3 = 3x - y + 16$

(4) $2x + y = 5x - 4y + 4 = -3x + 7y - 9$

2 代入法の工夫　次の連立方程式を，適当な方法で解きなさい。

(1) $\begin{cases} 2x - 3y = -14 \\ 2x = -y + 18 \end{cases}$

(2) $\begin{cases} 4y = -3x - 23 \\ x - 4y = 3 \end{cases}$

ここがポイント

文字を消去しやすい解き方を選んで連立方程式を解くことを考える。

(3) $\begin{cases} x = 5y - 3 \\ x = -2y + 11 \end{cases}$

(4) $\begin{cases} 4x - 10 = 3y \\ -x - 5 = 3y \end{cases}$

発展 **3** 3つの文字をふくむ連立方程式　次の連立方程式を解きなさい。

(1) $\begin{cases} x + 2y = 1 \\ y + 3z = 5 \\ x + 3z = 9 \end{cases}$

(2) $\begin{cases} x + y + z = 6 \\ 3x - 2y + z = -11 \\ 4x + 3y + 2z = 15 \end{cases}$

知ってると得

3 のような連立方程式は，3元1次方程式を組にしているので，連立3元1次方程式ともいう。

(3) $\begin{cases} x + y + z = -3 \\ 2x - y + 3z = 5 \\ 5x + 2y - 4z = 6 \end{cases}$

(4) $\begin{cases} x - y + z = -1 \\ -x + 3y + 2z = -3 \\ 2x + y - 5z = 15 \end{cases}$

左ページの 例 の答え　①3　②−1　③10　④15　⑤5

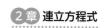

解答▶p.10

1節　連立方程式　　2節　連立方程式の解き方

① 次の(1)，(2)の式の解を下の⑦〜①のなかから選びなさい。

⑦$(1,\ 1)$　　　④$(-3,\ 2)$　　　⑦$(2,\ -5)$　　　①$(-1,\ -3)$

(1)　2元1次方程式　$2x - y = 1$

(2)　連立方程式 $\begin{cases} 2x - y = 1 \\ x + y = -4 \end{cases}$

② 次の連立方程式のうち，解が $x = -2$，$y = 5$ であるものを選びなさい。

⑦ $\begin{cases} 4x + y = -3 \\ x - 2y = -1 \end{cases}$

④ $\begin{cases} 2x + y = 1 \\ 3x + 2y = 3 \end{cases}$

⑦ $\begin{cases} x + y = 3 \\ 3x + y = -1 \end{cases}$

③ 次の連立方程式を解きなさい。

(1) $\begin{cases} x + y = 2 \\ x - y = -8 \end{cases}$

(2) $\begin{cases} 3x - 2y = -1 \\ 6x - 7y = 10 \end{cases}$

(3) $\begin{cases} 4x - 7y = -29 \\ 2x - 3y = -13 \end{cases}$

(4) $\begin{cases} 3x - 5y = -11 \\ 7x - 2y = 13 \end{cases}$

(5) $\begin{cases} 3x - 5y = -9 \\ -4x + 3y = -10 \end{cases}$

(6) $\begin{cases} y = 2x - 5 \\ 3x - 2y = 8 \end{cases}$

(7) $\begin{cases} x = 3y - 8 \\ 2x + 7y = -3 \end{cases}$

(8) $\begin{cases} y = -3x + 13 \\ y = 5x - 3 \end{cases}$

(9) $\begin{cases} 2y = 7x + 8 \\ 3x - 2y = 16 \end{cases}$

(10) $\begin{cases} x + 3 = 2y + 9 \\ x + 3 = -3y + 4 \end{cases}$

(11) $\begin{cases} 2y - 5 = 5x - 11 \\ 7x + 2y - 5 = 13 \end{cases}$

③ 代入法と加減法のどちらが適切か判断する。$x = \boxed{}$，$y = \boxed{}$ の形は代入法を使うとよい。

(9) 上の式の $7x + 8$ を，下の式の $2y$ に代入すると，y が消去できる。

④ 次の連立方程式を解きなさい。

(1) $\begin{cases} 3(x+y)-y=0 \\ 2x-5(x-y)=21 \end{cases}$ (2) $\begin{cases} 0.3x+1.1y=2 \\ 2x-3y=3 \end{cases}$ (3) $\begin{cases} 2x-3y=7 \\ \dfrac{x}{4}+\dfrac{y}{6}=\dfrac{1}{3} \end{cases}$

(4) $\begin{cases} \dfrac{x}{5}-\dfrac{y}{4}=-1 \\ \dfrac{x}{4}-\dfrac{y}{3}=-1 \end{cases}$ (5) $\begin{cases} x-2(y+3)=-1 \\ y-\dfrac{1-x}{2}=2 \end{cases}$ レベルUP (6) $\begin{cases} 0.1x-0.35y=2 \\ \dfrac{2}{3}x+\dfrac{1}{2}y=2 \end{cases}$

2章

⑤ 次の方程式を解きなさい。

(1) $7x-3y=5x+2y+11=-5$ レベルUP (2) $\dfrac{x-3y}{2}=\dfrac{2x-5y}{5}=2$

⑥ 次の連立方程式の解のうち，$x=3$ がわかっているとき，下の(1)，(2)に答えなさい。

$\begin{cases} 4x+5y=2 \\ 3x+2by=1 \end{cases}$

(1) y の値を求めなさい。 (2) b の値を求めなさい。

入試問題をやってみよう！

① 次の連立方程式を解きなさい。

(1) $\begin{cases} 2x+y=11 \\ 8x-3y=9 \end{cases}$ 〔滋賀〕 (2) $\begin{cases} \dfrac{x}{6}-\dfrac{y}{4}=-2 \\ 3x+2y=3 \end{cases}$ 〔長崎〕

② 連立方程式 $\begin{cases} ax-by=23 \\ 2x-ay=31 \end{cases}$ の解が，$x=5$，$y=-3$ であるとき，a，b の値をそれぞれ求めなさい。 〔京都〕

⑤ (2) $\dfrac{x-3y}{2}=2$ ……① $\dfrac{2x-5y}{5}=2$ ……② の2つの式を連立させて解く。

② 2つの式に $x=5$，$y=-3$ を代入して，a，b についての連立方程式を解く。

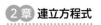

確認のワーク ステージ1 3節 連立方程式の利用
① 連立方程式を使って問題を解決しよう

例1 個数と代金の問題 ──── 教 p.56 → 基本問題 ❶ ❷ ─

1冊50円のノートと1冊80円のノートを合わせて15冊買い，900円払いました。50円のノートと80円のノートをそれぞれ何冊買ったか求めなさい。

考え方 連立方程式を利用して問題を解くときは，下の①〜④のような手順で解く。

解き方 ① 1冊50円のノートを x 冊，

1冊80円のノートを y 冊買ったとすると，

②
$$
\begin{cases}
x+y = \boxed{①} \quad \cdots\cdots① \leftarrow \text{冊数の合計} \\
\underset{\text{合計冊数が15冊}}{} \\
50x+80y = \boxed{②} \quad \cdots\cdots② \leftarrow \text{代金の合計} \\
\underset{\text{支払代金が900円}}{}
\end{cases}
$$

③ ①，②を連立方程式として解くと，

$x = \boxed{③}$ ，$y = \boxed{④}$

④ 50円のノートの冊数 $\boxed{③}$ 冊，

80円のノートの冊数 $\boxed{④}$ 冊は，問題の答えとしてよい。
解を確認する。

答 50円のノート $\boxed{③}$ 冊，80円のノート $\boxed{④}$ 冊

> **ここが ポイント**
> 連立方程式を使った問題の解き方
> ① わかっている数量と求める数量を明らかにし，何を x，y にするかを決める。
> ② 等しい関係にある数量を見つけて方程式をつくる。
> ③ 2つの方程式を組にした連立方程式を解く。
> ④ その解を問題の答えとしてよいかどうかを確かめ，答えを決める。

例2 代金と代金の問題 ──── 教 p.57 → 基本問題 ❸ ❹ ─

りんご4個とみかん7個を買ったときの代金は410円，りんご5個とみかん6個を買ったときの代金は430円でした。りんご1個，みかん1個の値段をそれぞれ求めなさい。

考え方 代金の関係についての方程式を2つつくって，連立方程式を解く。

解き方 ① りんご1個の値段を x 円，みかん1個の値段を y 円とすると，

②

$$
\begin{cases}
4x+7y = \boxed{⑤} \quad \cdots\cdots① \\
\quad \text{りんご1個の値段×4(個)＋みかん1個の値段×7(個)＝410(円)} \\
5x+6y = \boxed{⑥} \quad \cdots\cdots② \\
\quad \text{りんご1個の値段×5(個)＋みかん1個の値段×6(個)＝430(円)}
\end{cases}
$$

③ ①，②を連立方程式として解くと，$x = \boxed{⑦}$ ，$y = \boxed{⑧}$

④ りんご1個の値段 $\boxed{⑦}$ 円，みかん1個の値段 $\boxed{⑧}$ 円は，

問題の答えとしてよい。
解を確認する。

答 りんご1個 $\boxed{⑦}$ 円，みかん1個 $\boxed{⑧}$ 円

> 求める数量が2つあるときは，等しい関係を2つ見つけて方程式をつくればいいね。

基本問題 •• 解答 p.12

1 個数と代金の問題　りんごとももを合わせて 15 個買い，1290 円払いました。りんご 1 個は 70 円，もも 1 個は 100 円です。りんごを x 個，ももを y 個買ったとして，りんごとももをそれぞれ何個買ったか求めます。 教 p.57 Q1

(1)　りんごとももの個数の関係から方程式をつくりなさい。

(2)　代金の関係から方程式をつくりなさい。

(3)　連立方程式をつくって，解きなさい。

(4)　(3)で求めた解を問題の答えとしてよいかを確かめ，問題の答えを求めなさい。

覚えておこう

文章問題では，方程式の解が問題に適しているか，必ず確かめよう。
たとえば**1**，**2**のような個数を求める問題で，答えが小数や負の数になったときは，計算ミスの可能性がある。

2章

2 個数と代金の問題　1 本 150 円のホットドッグと 1 本 120 円のジュースを合わせて 7 本買い，960 円払いました。ホットドッグとジュースをそれぞれ何本買ったか求めなさい。 教 p.57 Q1

3 代金と代金の問題　鉛筆 3 本とノート 2 冊を買うと代金は 380 円，鉛筆 5 本とノート 6 冊を買うと代金は 900 円です。鉛筆 1 本，ノート 1 冊の値段をそれぞれ求めなさい。 教 p.57 Q2

ミス注意

x，y を求めた後，
$$\begin{cases} x=● \\ y=▲ \end{cases}$$
と答えを書いてしまわないように注意。
「鉛筆 1 本●円」，
「ノート 1 冊▲円」
のように答えること。

4 重さの問題　2 種類の品物 A，B があります。A 3 個と B 1 個の重さは合わせて 800 g，A 1 個と B 2 個の重さは合わせて 400 g です。A 1 個，B 1 個の重さをそれぞれ求めなさい。 教 p.57 Q2

確認のワーク　ステージ1

3節　連立方程式の利用
② 筑波山で歩いた道のりを求めよう
③ 割合の問題を解決しよう

例1 速さの問題　　　　　　教 p.58〜59 → 基本問題①

　家を出て8km離れた図書館へ行くのに，初めは時速12kmで自転車で行き，途中から時速4kmで歩いたら，全体で1時間かかりました。自転車で走った道のりと歩いた道のりをそれぞれ求めなさい。

考え方 道のりの合計と時間の合計から方程式をつくる。

解き方 $\boxed{1}$　自転車で走った道のりを$x$km，歩いた道のりを$y$kmとすると，

$\boxed{2}$
$$\begin{cases} x+y=\boxed{}^{①} & \cdots\cdots① \leftarrow 道のりの合計 \\ \underbrace{}_{\text{自転車で走った道のり＋歩いた道のり＝全体の道のり}} \\ \dfrac{x}{12}+\dfrac{y}{4}=\boxed{}^{②} & \cdots\cdots② \leftarrow 時間の合計 \\ \underbrace{}_{\text{自転車で走った時間＋歩いた時間＝全体の時間}} \end{cases}$$

	自転車	歩き	合計
道のり (km)	x	y	$\boxed{}^{①}$
速さ (km/h)	12	4	
時間 (h)	$\dfrac{x}{12}$	$\dfrac{y}{4}$	$\boxed{}^{②}$

$\boxed{3}$　①，②を連立方程式として解くと，$x=\boxed{}^{③}$，$y=\boxed{}^{④}$

$\boxed{4}$　自転車で走った道のり$\boxed{}^{③}$km，歩いた道のり

$\boxed{}^{④}$kmは，問題の答えとしてよい。

思い出そう
・時間＝$\dfrac{道のり}{速さ}$
・道のり＝速さ×時間
・速さ＝$\dfrac{道のり}{時間}$

答　自転車で走った道のり$\boxed{}^{③}$km，歩いた道のり$\boxed{}^{④}$km

例2 濃度の問題　　　　　　教 p.62 → 基本問題②

　濃度が7％の食塩水と3％の食塩水を混ぜて，濃度が4％の食塩水を800g作ります。それぞれ何g混ぜればよいですか。

考え方 食塩水の合計の重さと，食塩の合計の重さから方程式をつくる。

解き方 $\boxed{1}$　7％の食塩水をxg，3％の食塩水をygとすると，

$\boxed{2}$
$$\begin{cases} x+y=\boxed{}^{⑤} & \cdots\cdots① \\ \underbrace{}_{\text{食塩水の重さの関係}} \\ x\times\dfrac{7}{100}+y\times\dfrac{3}{100}=\boxed{}^{⑥} & \cdots\cdots② \\ \underbrace{}_{\text{食塩水にふくまれる食塩の重さの関係}} \end{cases}$$

たいせつ
・食塩水の濃度 (分数)
　＝$\dfrac{食塩の重さ}{食塩水全体の重さ}$
・食塩の重さ
　＝食塩水全体の重さ
　　×食塩水の濃度 (分数)
・食塩水全体の重さ
　＝水の重さ＋食塩の重さ

$\boxed{3}$　①，②を連立方程式として解くと，$x=\boxed{}^{⑦}$，$y=\boxed{}^{⑧}$

$\boxed{4}$　7％の食塩水$\boxed{}^{⑦}$g，3％の食塩水$\boxed{}^{⑧}$gは，問題の答えとしてよい。

答　7％の食塩水$\boxed{}^{⑦}$g，3％の食塩水$\boxed{}^{⑧}$g

基本問題

解答 ▶ p.12

1 速さの問題　21 km 離れた所へ行くのに，初めは自転車に乗って時速 12 km で走り，途中から時速 3 km で歩いたら，3 時間かかりました。自転車で走った道のりを x km，歩いた道のりを y km として，自転車で走った道のりと歩いた道のりを求めます。　教 p.58〜59

(1)　道のりの関係から方程式をつくりなさい。

(2)　時間の関係から方程式をつくりなさい。

(3)　連立方程式をつくって，解きなさい。

(4)　(3)で求めた解を問題の答えとしてよいかを確かめ，問題の答えを求めなさい。

> **覚えておこう**
>
> 速さの表し方
> 時速 12 km を 12 km/h と表すことがある。
> h は hour（時間）を表す。
> 秒速 12 m を 12 m/s，
> 分速 12 m を 12 m/min
> と表すことがある。
> s は second（秒），min は minute（分）を表す。

2 濃度の問題　濃度が 9 % の食塩水と 6 % の食塩水を混ぜて，濃度が 8 % の食塩水を 900 g 作ります。それぞれ何 g 混ぜればよいですか。　教 p.62❹

3 割合の問題　ある店では，ケーキとドーナツを合わせて 300 個作りました。そのうち，ケーキは 80 %，ドーナツは 90 % 売れ，合わせて 250 個売れました。ケーキを x 個，ドーナツを y 個作ったとして，次の(1)〜(3)に答えなさい。　教 p.60活動 1

(1)　下の表の ☐ をうめなさい。

	ケーキ	ドーナツ	合計
作った数（個）	x	y	300
売れた数（個）	㋐	㋑	250

> ・作った数の合計
> ・売れた数の合計
> について方程式をつくればいいね。

(2)　x，y についての連立方程式をつくりなさい。

(3)　作ったケーキとドーナツの個数をそれぞれ求めなさい。

4 割合の問題　ある工場で，製品Ａと製品Ｂを合わせて 500 個作ったところ，不良品が製品Ａには 20 %，製品Ｂには 10 % でき，不良品の合計は 70 個になりました。作った製品Ａを x 個，製品Ｂを y 個として，それぞれ何個作ったか求めなさい。　教 p.60活動 1

左ページの 例 の答え　①8　②1　③6　④2　⑤800　⑥$800 \times \dfrac{4}{100}$　⑦200　⑧600

解答 ▶ p.13

3節　連立方程式の利用

1 1個50円のなしと1個80円のりんごを，なしがりんごより5個多くなるように買ったところ，代金は770円でした。なしとりんごをそれぞれ何個買ったか求めなさい。

2 品物Aと品物Bがあります。AとBの値段の比は4：3，Aを3個とBを5個買うと2160円です。A，Bのそれぞれの値段はいくらですか。

3 2桁の正の整数があります。その整数は，各位の数の和の6倍より2大きく，また，十の位の数と一の位の数を入れかえてできる2桁の数は，もとの数より9小さくなります。もとの整数を求めなさい。

4 A地からB地を通ってC地まで行く道のりは110kmあります。ある人が自動車でA地からB地までは時速80km，B地からC地までは時速40kmで走ったところ，合計で2時間かかりました。

(1)　A地からB地まで，B地からC地までの道のりをそれぞれ求めなさい。

(2)　A地からB地まで，B地からC地までにかかった時間をそれぞれ求めなさい。

5 身体活動量（エクササイズ）は，身体活動の強度×身体活動の実施時間（時間）で求められます。右の表は，身体活動の強度と，運動の種類をまとめたものです。

身体活動の強度	運動の種類
3	ボウリング
4	卓球
5	サーフィン
6	バスケットボール

(1)　けんさんは，ボウリングとサーフィンを合計4時間行ったところ，14エクササイズになりました。ボウリングとサーフィンをそれぞれ何時間行いましたか。

(2)　けんさんは1週間に合計20エクササイズの目標を立てました。卓球とバスケットボールを合計2時間行おうと考えました。この考えで20エクササイズを達成することはできますか，できませんか。また，その理由も答えなさい。

3 2けたの正の整数は，十の位の数をx，一の位の数をyとすると，$10x+y$と表せる。
4 道のりと時間についての式をつくる。
5 (2) 連立方程式の解が問題の答えとしてよいかどうか確かめる。

6 ある中学校の昨年度の生徒数は 665 人でした。今年度は，昨年度に比べて男子が 4 %，女子が 5 % 増えたので，全体で 30 人増えました。次の(1)，(2)に答えなさい。

(1) 昨年度の男子と女子の人数を求めなさい。

(2) 今年度の男子と女子の人数を求めなさい。

7 濃度が 6 % の食塩水 x g と，10 % の食塩水 y g を混ぜ合わせたら，9 % の食塩水になりました。次の(1)，(2)に答えなさい。

(1) y は x の何倍ですか。

(2) 混ぜ合わせた食塩水から 200 g の水を蒸発させたところ，濃度は 12 % になりました。x，y の値をそれぞれ求めなさい。

8 10 円，50 円，100 円の硬貨が全部で 27 枚あります。合計金額は 1300 円で，50 円硬貨の枚数は，10 円硬貨の枚数の 2 倍と，100 円硬貨の枚数の 3 倍の和に等しいです。硬貨はそれぞれ何枚あるか求めなさい。

入試問題を やってみよう！ ┄┄┄┄┄┄┄┄┄┄

1 ある中学校の生徒数は 180 人です。このうち，男子の 16 % と女子の 20 % の生徒が自転車で通学しており，自転車で通学している男子と女子の人数は等しいです。このとき，自転車で通学している生徒の人数は全部で何人か求めなさい。　　　　〔愛知〕

6 昨年度の人数の関係と，増えた人数の関係から，それぞれ方程式をつくる。
7 (1) 食塩の重さの関係から方程式をつくる。混ぜ合わせた後の食塩水全体の重さは $x+y$ (g) である。

 解答 ▶ p.14

実力判定テスト ステージ3　連立方程式　 40分　　/100

1 次の連立方程式のうち，$x=4$，$y=-2$ が解となるものを選びなさい。　　（5点）

㋐ $\begin{cases} x+2y=7 \\ 2x+y=1 \end{cases}$　　　　㋑ $\begin{cases} 2x+y=6 \\ x-3y=-7 \end{cases}$　　　　㋒ $\begin{cases} x-2y=8 \\ 2x+5y=-2 \end{cases}$

（　　　　　　　）

2 次の連立方程式を解きなさい。　　　　　　　　　　　　　　　4点×8（32点）

(1) $\begin{cases} 3x-2y=13 \\ x+2y=-1 \end{cases}$　　　　(2) $\begin{cases} 5x-3y=5 \\ 2x-y=3 \end{cases}$　　　　(3) $\begin{cases} 5x-4y=9 \\ 2x-3y=5 \end{cases}$

（　　　　　　　）　　　（　　　　　　　）　　　（　　　　　　　）

(4) $\begin{cases} y=2x-1 \\ 4x-y=9 \end{cases}$　　　　(5) $\begin{cases} y=-x+15 \\ y=3x-21 \end{cases}$　　　　(6) $\begin{cases} 4x+y=26 \\ 4x=3y+2 \end{cases}$

（　　　　　　　）　　　（　　　　　　　）　　　（　　　　　　　）

(7) $\begin{cases} 3x-2(y-2)=3 \\ 0.6x-0.7y=1 \end{cases}$　　　　(8) $\begin{cases} \dfrac{1}{2}x+\dfrac{1}{3}y=1 \\ 0.3x-0.2y=-1 \end{cases}$

（　　　　　　　）　　　　　　　（　　　　　　　）

3 方程式 $3x+y=4x-3y-7=8$ を解きなさい。　　　　　　　　（5点）

（　　　　　　　）

4 連立方程式 $\begin{cases} 2ax+by=8 \\ ax-3by=-10 \end{cases}$ の解が，$x=2$，$y=1$ のとき，a，b の値を求めなさい。

（8点）

（　　　　　　　）

自分の得点まで色をぬろう！
😣がんばろう　😐もう一歩　😊合格！
0　　　　　　　60　80　100点

2章

⑤ ちくわを 50 本買うのに，4 本入りを x 袋，5 本入りを y 袋買うとき，次の⑴，⑵に答えなさい。　5点×2（10点）

⑴　x，y の関係を等式で表しなさい。

（　　　　　　　　　）

⑵　⑴の等式を成り立たせる自然数 x，y の値の組 (x, y) をすべて求めなさい。

（　　　　　　　　　）

⑥ りんご 2 個となし 3 個を買うと 480 円で，りんご 3 個となし 1 個を買うと 440 円でした。このとき，りんご 1 個，なし 1 個の値段をそれぞれ求めなさい。　（10点）

（りんご 1 個　　　　円，なし 1 個　　　　円）

⑦ ある中学校では，男子が女子より 20 人少なく，男子の 10 ％ と女子の 8 ％ の合わせて 25 人が陸上部に入っているそうです。この中学校の男子と女子の人数をそれぞれ求めなさい。　（10点）

（男子　　　　人，女子　　　　人）

⑧ A さんは，家から 960 m 離れた図書館で B さんと待ち合わせました。約束の時刻は今から 10 分後で，A さんは，ちょうど約束の時刻に図書館に着こうと思います。A さんの歩く速さは毎分 60 m，走る速さは毎分 150 m です。家から何分歩いて何分走ればよいか求めなさい。　（10点）

（　　　　　　　　　）

⑨ 2 種類の食塩水 A，B があります。食塩水 A を 400 g，食塩水 B を 100 g とって混ぜ合わせたら，4 ％ の食塩水ができました。また，食塩水 A を 100 g，食塩水 B を 300 g とって混ぜ合わせ，140 g の水を加えたら，5 ％ の食塩水になりました。食塩水 A，B の濃度をそれぞれ百分率で求めなさい。　（10点）

（食塩水 A　　　　％，食塩水 B　　　　％）

アプリ【どこでもワーク計算編】をやって，さらに力をつけよう！

確認のワーク　ステージ1　1節　1次関数
① 1次関数　② 1次関数の値の変化のようす

例1 1次関数

教 p.68〜69 → 基本問題①

次の(1)〜(3)について，y を x の式で表し，y が x の1次関数であるものに○をつけなさい。

(1) 時速 80 km で走る自動車が x 時間に進む道のり y km

(2) 水が 5 L 入っている水そうに毎分 2 L ずつ水を入れていくときの時間 x 分と水の量 y L

(3) 半径が x cm の円の周の長さ y cm

考え方 y が x の関数で，$y=ax+b$（a，b は定数，$a\neq0$）で表されるとき，y は x の1次関数である。

解き方 (1) $y=\boxed{①}\,x$ となり，y は x に比例する。

　$y=ax+b$ の式で，b が 0 の場合だから，y は x の1次関数であるといえる。

(2) $y=2x+\boxed{②}$ となり，y が x の1次式で表されるので，y は x の1次関数であるといえる。

(3) $y=\boxed{③}\,x$ となり，y が x の1次式で表されるので，y は x の1次関数であるといえる。

答 (1) $y=\boxed{④}$，○　(2) $y=\boxed{⑤}$，○　(3) $y=\boxed{⑥}$，○

> **知ってると得**
> 1次関数 $y=ax+b$ で，$b=0$ のとき，比例の式 $y=ax$ になる。

例2 1次関数の値の変化と変化の割合

教 p.70〜72 → 基本問題②③

1次関数 $y=3x-4$ について，次の(1)，(2)に答えなさい。

(1) x の値が 1 ずつ増加すると，y の値はいくらずつ増加しますか。

(2) x の値が 1 から 3 まで増加するときの変化の割合を求めなさい。

考え方 x の値が変化するときの y の値の変化のようすを，表をつくって調べる。

x	…	−3	−2	−1	0	1	2	3	…
y	…	−13	−10	−7	−4	−1	2	5	…

（上段：1 ずつ増加　下段：3 ずつ増加）

解き方 (1) 表より，x の値が 1 ずつ増加すると，y の値は $\boxed{⑦}$ ずつ増加する。

(2) $x=1$ のとき $y=-1$，$x=3$ のとき $y=5$ だから，

（変化の割合）$=\dfrac{5-(-1)}{3-1}=\dfrac{6}{2}=\boxed{⑧}$

$\dfrac{y\text{の増加量}}{x\text{の増加量}}$　　　　x の係数と等しくなる。

> **たいせつ**
> 1次関数 $y=ax+b$ では，x の値がどこからどれだけ増加しても，変化の割合は一定で，
> （変化の割合）$=\dfrac{(y\text{の増加量})}{(x\text{の増加量})}=a$

基本問題 ··· 解答 p.16

1 **1次関数** 35 L まで入る水そうに，水が 5 L だけ入っています。この水そうに，毎分 3 L の割合でいっぱいになるまで水を入れます。水を入れ始めてから x 分後の水そうの水の量を y L として，次の⑴〜⑷に答えなさい。　教 p.68活動**1**, p.69 Q 1, Q 2

⑴ x の値に対応する y の値を求め，表の □ をうめなさい。

x	0	1	2	3	4	5
y	5					

⑵ y を x の式で表しなさい。

⑶ y は x の 1 次関数といえますか。

⑷ x と y の変域をそれぞれ求めなさい。

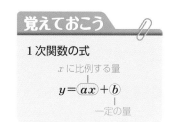

覚えておこう

1 次関数の式

x に比例する量

$y = ⓐx + ⓑ$

一定の量

2 **1次関数の値の変化と変化の割合** 1 次関数 $y = 3x + 2$ について，次の⑴〜⑶に答えなさい。　教 p.70〜72

⑴ x の値に対応する y の値を求め，表の □ をうめなさい。

x	…	−3	−2	−1	0	1	2	3	…
y	…	−7						11	…

⑵ x の値が次の⑦，④のように増加するときの変化の割合を求めなさい。

　⑦　1 から 3 まで　　　　　④　−4 から −1 まで

⑶ x の値が 1 増加するときの y の増加量を求めなさい。

$y = ax + b$ では，x の値が 1 増えると，y の値は a 増えるよ。

3 **変化の割合** 1 次関数 $y = \dfrac{1}{2}x + 1$ について，次の⑴，⑵に答えなさい。　教 p.72例**3**, Q 3, Q 6

⑴ x の値が次の⑦，④のように増加するときの変化の割合を求めなさい。

　⑦　2 から 6 まで　　　　　　　　④　−4 から −1 まで

⑵ x の値が 6 増加するときの y の増加量を求めなさい。

確認のワーク ステージ 1

1節　1次関数
③ 1次関数のグラフ

例1 **1次関数のグラフ**　　　　　　　　教 p.74〜75 → 基本問題1

1次関数 $y=2x-4$ について，次の(1)〜(3)に答えなさい。

(1) $y=2x-4$ のグラフは，$y=2x$ のグラフをどのように平行移動させたものですか。

(2) $y=2x-4$ のグラフでは，右に3進むと上へどれだけ進みますか。

(3) グラフの傾きと切片をいいなさい。

考え方 (1) 1次関数 $y=ax+b$ のグラフは，$y=ax$ のグラフを，y軸の正の向きに，bだけ平行移動させたものである。

(2) xの係数2は直線の傾きぐあいを表している。

(3) $y=ax+b$ のグラフは直線であり，bはその直線とy軸との交点のy座標である。bを，この直線の**切片**という。また，aはその直線の傾きぐあいを表しており，**傾き**という。

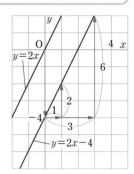

解き方 (1) $y=2x$ のグラフをy軸の負の向きに

①[　　]だけ平行移動させたものである。

「正の向きに -4 だけ平行移動させたもの」ともいえる。

(2) 右に1進むと上に2進むので，右に3進むと，

$2\times3=$②[　　]より，上に②[　　]進む。

(3) $y=ax+b$ のグラフは，傾きがa，切片がbの

直線であるから，$y=2x-4$ のグラフの傾きは

③[　　]，切片は④[　　]である。

> たいせつ
> 1次関数 $y=ax+b$ のグラフは，傾きがa，切片がbの直線である。

例2 **1次関数のグラフのかき方**　　　教 p.76〜77 → 基本問題2

1次関数 $y=-\dfrac{1}{3}x+2$ のグラフをかきなさい。

考え方 グラフが通る2つの点を求めて直線をかく。

解き方 切片が2だから，y軸上の点

$(0,$ ⑤[　　]$)$ を通る。

また，傾きが $-\dfrac{1}{3}$ だから，点 $(0,\ 2)$

から，右に3，下に1進んだ点

$(3,$ ⑥[　　]$)$ を通る。この2点を通る

直線をかけばよい。

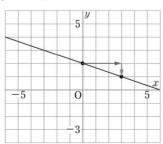

> 2点を決めると，直線は1つに決まるね。

解答 p.16

1 **1次関数のグラフ** 次の㋐～㋔の1次関数について，⑴～⑸に答えなさい。 教 p.73～75

㋐ $y=3x-5$　　　　㋑ $y=-2x$　　　　㋒ $y=3x-9$

㋓ $y=-2x+1$　　　㋔ $y=2x$

⑴ 点$(4, 3)$がそのグラフ上にある直線を選び，記号で答えなさい。

⑵ グラフが，㋑のグラフに平行な直線を選び，記号で答えなさい。

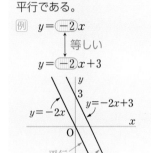

覚えておこう

傾きが等しい2つの直線は平行である。

例 $y=\boxed{-2}x$

↕ 等しい

$y=\boxed{-2}x+3$

3 章

⑶ ㋒のグラフは，$y=3x$ のグラフをどのように平行移動させたものですか。

⑷ ㋐と㋓のグラフの傾きと切片をそれぞれいいなさい。

⑸ ㋐のグラフでは，右に4進むと上にどれだけ進みますか。

2 **1次関数のグラフのかき方** 次の㋐～㋓の1次関数について，⑴～⑶に答えなさい。

㋐ $y=2x-5$　　　　㋑ $y=-3x+1$

教 p.76～77

㋒ $y=-\dfrac{1}{2}x+5$　　㋓ $y=\dfrac{3}{4}x-2$

⑴ ㋐～㋓のグラフのうち，右下がりの直線であるものをいいなさい。

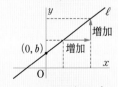

たいせつ

1次関数 $y=ax+b$ のグラフとaの符号

$a>0$ のとき，右上がり

⑵ ㋐～㋓のグラフのうち，xの値（あたい）が増加すると，対応するyの値も増加するものをいいなさい。

⑶ ㋐～㋓のグラフをかきなさい。

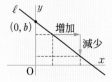

$a<0$ のとき，右下がり

確認のワーク　ステージ1　1節　1次関数
④ 1次関数の式の求め方

例1　図から直線の式を求める
教 p.78 →基本問題 1

右の図の直線の式を求めなさい。

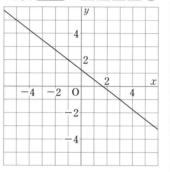

考え方 グラフから，直線が通る2点を読み取る。

解き方 2点（−1，2），（3，−1）を通るから，

傾きは $\dfrac{-1-2}{3-(-1)} = $ ①□

切片を b とすると，求める式は，

$y = -\dfrac{3}{4}x + b$ と表せる。

この式に $x=-1$，$y=2$ を代入すると，

$2 = -\dfrac{3}{4} \times (-1) + b$ より，$b=$ ②□

答 ③□

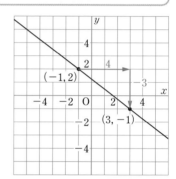

別解 次のように連立方程式をつくって求めることもできる。求める直線の式を，$y=ax+b$ とする。

$x=-1$，$y=2$ を代入すると，$2=-a+b$ ……①

$x=3$，$y=-1$ を代入すると，$-1=3a+b$ ……②

①，②を a，b についての連立方程式とみて解くと，

$a=$ ①□，$b=$ ②□

答 ③□

覚えておこう

図から直線の式を求める方法
1　グラフから傾きと切片を読み取る。
2　傾きとグラフが通る1点の座標から求める。
3　グラフが通る2点の座標から，傾きと切片を求める。

例2　1次関数の式を求める
教 p.79 →基本問題 2

変化の割合が −3 で，$x=2$ のとき $y=6$ である1次関数の式を求めなさい。

考え方 求める1次関数の式を $y=ax+b$ とおき，与えられた条件を $y=ax+b$ の式に代入して，a，b の値を求める。

解き方 変化の割合（＝傾き）が −3 だから，

求める1次関数の式を $y=-3x+b$ とする。

この式に，$x=2$，$y=6$ を代入すると，

$6 = -3 \times 2 + b$

$b=$ ④□

答 ⑤□

$y=ⓐx+b$ の ⓐが変化の割合で，傾きに等しいね。

基本問題 ⋯⋯⋯⋯⋯⋯⋯⋯⋯⋯⋯⋯⋯⋯⋯⋯ 解答 p.17

1 図から直線の式を求める　次の図の直線⑦〜①の式をそれぞれ求めなさい。

教 p.78 たしかめ 1

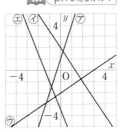

2 1次関数の式を求める　次のような1次関数の式を求めなさい。

教 p.79 Q1〜p.80 Q2

(1)　グラフの傾きが -4 で，点 $(1, 2)$ を通る。

(2)　グラフが点 $(-3, -11)$ を通り，切片が -2

(3)　グラフが2点 $(2, -1)$, $(5, -7)$ を通る。

(4)　$x=1$ のとき $y=1$，$x=4$ のとき，$y=10$

3 1次関数の表・式・グラフ　$y=2x-3$ について，次の(1), (2)に答えなさい。

教 p.80

(1)　次の表を完成させなさい。

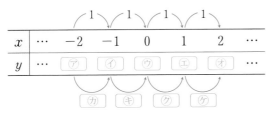

(2)　グラフをかきなさい。

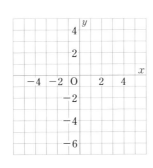

たいせつ

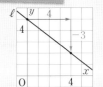

上の直線 ℓ の式を求めるには，傾きと切片を読み取る。

$(0, 5)$ を通る → 切片は 5

右へ4進むと下へ3進む

→ 傾きは $-\dfrac{3}{4}$

直線 ℓ の式 → $y=-\dfrac{3}{4}x+5$

3章

ここがポイント

	x	$\cdots$	-2	-1	0	1	2
表
	y	$\cdots$	-5	-1	3	7	11

x が1ずつ増加するときの y の増加量

式

$$y=4\,x+3$$

変化の割合　　$x=0$ のときの y の値

グラフ

切片 3　　4 傾き
　　　　　1

 **1節　1次関数**

1 1次関数 $y=-3x+1$ について，次の(1)〜(3)に答えなさい。

(1) 右の表を完成させなさい。

x	-2	㋐	2	㋑
y	㋒	1	㋓	-14

(2) 変化の割合をいいなさい。

(3) x の値が 5 増加するときの，y の増加量を求めなさい。

2 次の(1)〜(3)に答えなさい。

(1) 1次関数 $y=-4x+1$ で，y の増加量が -8 のとき，x の増加量を求めなさい。

(2) 2点 $(1,\ 4)$，$(m,\ -2)$ を通る直線の傾きが 2 のとき，m の値を求めなさい。

(3) 3点 A$(-1,\ 1)$，B$(2,\ 7)$，C$(4,\ a)$ が一直線上にあるとき，a の値を求めなさい。

3 次の1次関数のグラフをかきなさい。

(1) $y=-\dfrac{1}{2}x-3$ 　　　(2) $y=\dfrac{4}{3}x-5$

(3) $y=-\dfrac{3}{4}x+2$ 　　　(4) $y=-\dfrac{2}{5}x+\dfrac{3}{5}$

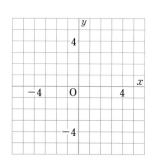

4 右の図の直線㋐〜㋓の式をそれぞれ求めなさい。

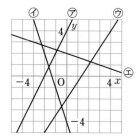

2 (1), (2) 1次関数 $y=ax+b$ では，(変化の割合)$=\dfrac{(y \text{の増加量})}{(x \text{の増加量})}=a$ (傾き)

(3) 2点 A，B を通る直線の式を求め，点Cはその直線上にあると考える。

5 y が x の 1 次関数であるとき，次の(1)～(5)で y を x の式で表しなさい。

(1) 変化の割合が，1 次関数 $y=5x+2$ に等しく，$x=2$ のとき $y=6$

(2) グラフが点 $(3,\ 2)$ を通り，原点と点 $(-2,\ 3)$ を通る直線に平行である。

(3) グラフが 2 点 $(3,\ -1)$，$(-1,\ 2)$ を通る。

(4) x の値に対応する y の値が，右の表のようになる。

x	$\cdots$	2	3	4	$\cdots$
y	$\cdots$	2	-1	-4	$\cdots$

(5) x の値が $\dfrac{1}{3}$ から $\dfrac{2}{3}$ まで増加するとき，y の値は 3 から 4 まで増加する。

レベル UP 6 右の図のように，右下がりの直線 $y=ax+b$ が，原点Oより右側で x 軸と交わっている。このとき，5 つの値 0, a, b, $a-b$, $b-a$ を小さい順にならべなさい。

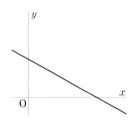

入試問題を やってみよう！

① 下の図のような関数 $y=ax+b$ のグラフがあります。点Oは原点とします。a, b の値を求めなさい。　〔北海道〕

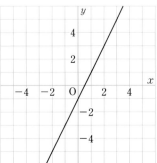

5 (2) 平行な 2 直線の**傾きは等しい**。
6 グラフから，a, b の符号を読み取る。
① 2 点の座標を読み取り，a, b を求める。

確認のワーク　ステージ1

2節　方程式とグラフ
① 2元1次方程式のグラフ

例1 **2元1次方程式のグラフ**　　教 p.82〜84 → 基本問題 ❶❷❸

2元1次方程式 $2x+3y=6$ のグラフをかきなさい。

考え方　2元1次方程式のグラフは，その方程式を y について解いたときの1次関数のグラフと一致する。y について解いて，$y=ax+b$ の形に変形する。

解き方　$2x+3y=6$
$3y=-2x+6$ 　｝移項する。
$y=-\dfrac{2}{3}x+2$ 　｝両辺を3でわる。
傾き↗　　↖切片

したがって，グラフは傾きが ①[　　　]，

切片が ②[　　　] の直線になる。

別解　$2x+3y=6$ で，
$x=0$ とすると $y=2$
$y=0$ とすると $x=3$
したがって，グラフは2点 $(0, 2)$，
$(③[　　], 0)$ を通る直線になる。

どちらの方法でもかけるようにしよう。

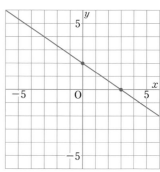

たいせつ
2元1次方程式 $ax+by=c$
$(a, b, c$ は定数)の解 (x, y)
を座標とする点の集合を，**2元1次方程式のグラフ**といい，グラフは直線である。

例2 **$y=k$, $x=h$ のグラフ**　　教 p.84〜85 → 基本問題 ❹

次の方程式のグラフをかきなさい。
(1) $2y=8$　　　　　　　　(2) $3x=-6$

考え方　(1)は $y=k$，(2)は $x=h$ の形にそれぞれ変形する。

解き方　(1) $2y=8$
$y=④[　　]$ 　｝両辺を2でわる。

よって，点 $(0, ④[　　])$ を通り，
x軸に平行な直線になる。

(2) $3x=-6$
$x=⑤[　　]$ 　｝両辺を3でわる。

よって，点 $(⑤[　　], 0)$ を通り，
y軸に平行な直線になる。

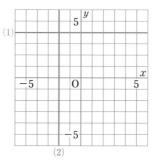
(1)
(2)

たいせつ
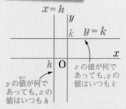
$ax+by=c$ のグラフで
$a=0$　　x軸に平行な直線
$b=0$　　y軸に平行な直線

基本問題 ･･････････････････････････････････････ 解答 p.18

1 y について解き，方程式のグラフをかく　次の2元1次方程式を，y について解き，そのグラフをかきなさい。 教 p.83 Q3

(1)　$3x + y = 0$

(2)　$x - 2y = 10$

(3)　$2x + 3y = 0$

(4)　$x + y = 2$

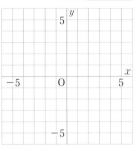

2 直線上の2点を求めて，方程式のグラフをかく　2元1次方程式 $x + 3y = 6$ について，次の(1)～(3)に答えなさい。 教 p.84 Q4

(1)　この直線と y 軸との交点の座標を求めなさい。

(2)　この直線と x 軸との交点の座標を求めなさい。

(3)　(1)，(2)を利用して，この直線のグラフをかきなさい。

$x = 0$ のときと，$y = 0$ のときの2点を求めるんだね。

3 直線上の2点を求めて，方程式のグラフをかく　次の2元1次方程式のグラフを，直線上の2点を求めることによってかきなさい。 教 p.84 Q4

(1)　$x + 4y = -4$

(2)　$3x + 2y = -6$

(3)　$2x - 5y + 10 = 0$

(4)　$\dfrac{x}{4} + \dfrac{y}{3} = 1$

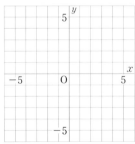

4 $y = k$，$x = h$ のグラフ　次の方程式のグラフをかきなさい。 教 p.85 Q5, Q6

(1)　$y = -5$

(2)　$x = 3$

(3)　$3y - 12 = 0$

(4)　$4x + 20 = 0$

知ってると得
・x 軸に平行な直線の方程式は
　$y = k$
・y 軸に平行な直線の方程式は
　$x = h$

3章

確認のワーク ステージ1　2節　方程式とグラフ
② グラフと連立方程式

例1 2つのグラフの交点
教 p.86〜87 → 基本問題 ① ② ③

右の図で，直線アとイの交点の座標を求めなさい。

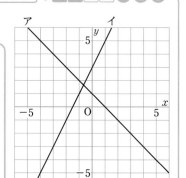

考え方 右の図のグラフからは，交点の座標は読み取りにくい。
直線ア，イの式を求め，それらを連立方程式として解く。

解き方 直線アは，傾き -1，切片 1 の直線だから，

式は，$y = -x + 1$ ……①

直線イは，傾き 2，切片 3 の直線だから，

式は，$y = 2x + 3$ ……②

連立方程式 $\begin{cases} y = -x + 1 & \cdots\cdots① \leftarrow 直線アの式 \\ y = 2x + 3 & \cdots\cdots② \leftarrow 直線イの式 \end{cases}$

を解くと，$x = \boxed{①}$，$y = \boxed{②}$

答 $\left(\boxed{①}, \boxed{②} \right)$

ここが ポイント
2つの2元1次方程式のグラフの交点の座標は，それらを組にした連立方程式の解とみることができる。

例2 連立方程式とグラフ
教 p.87 → 基本問題 ④

連立方程式 $\begin{cases} 2x - y = 3 & \cdots\cdots① \\ 3x + y = 2 & \cdots\cdots② \end{cases}$ の解を，グラフをかいて求めなさい。

考え方 連立方程式の解は，それぞれの方程式のグラフの交点の座標，
つまり，2直線の交点の座標として求めることができる。

解き方 ①を y について解くと，

$y = 2x - 3$

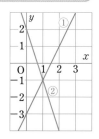

①のグラフは，傾き 2，切片 -3 の直線。
②を y について解くと，

$y = -3x + 2$

②のグラフは，傾き -3，切片 2 の直線。
したがって，これら2つの直線をかくと，
右の図のようになる。

図から直線①，②の交点の座標を読み取ると，

$\left(\boxed{③}, \boxed{④} \right)$ である。

答 $\begin{cases} x = \boxed{③} \\ y = \boxed{④} \end{cases}$

y について解いて，$y = ax + b$ の形にしてからグラフをかこう。

基本問題 ··· 解答 p.18

1 2直線の交点の座標　右の図について，次の(1)，(2)に答えなさい。 教 p.87Q2

(1) 2つの直線 ℓ，m の式を求めなさい。

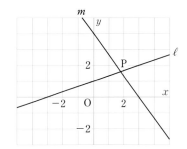

(2) 2つの直線 ℓ，m の交点Pの座標を求めなさい。

2 2直線の交点の座標　右の図で，直線アとイの交点の座標を求めなさい。 教 p.87Q2

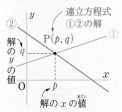

たいせつ

2直線の交点の座標

連立方程式 ①②の解

$P(p, q)$

解の y の値 q

解の x の値 p

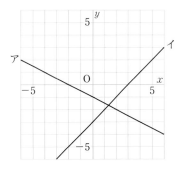

3 軸との交点　$y=2x-4$ のグラフが，x軸と点Aで交わっています。このとき，点Aの座標を求めなさい。 教 p.87Q2

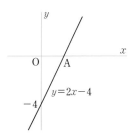

4 連立方程式とグラフ　次の連立方程式の解を，グラフをかいて求めなさい。

(1) $\begin{cases} 2x+y=1 \\ x-2y=8 \end{cases}$

(2) $\begin{cases} 2x+3y=9 \\ y=1 \end{cases}$

教 p.87学びにプラス

ここがポイント

連立方程式の解は，それぞれの方程式のグラフの交点の座標，つまり，2直線の交点の座標として求めることができる。

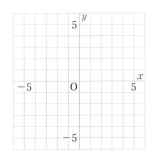

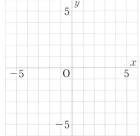

左ページの 例 の答え ① $-\dfrac{2}{3}$ ② $\dfrac{5}{3}$ ③ 1 ④ -1

確認
のワーク　ステージ 1

3節　1次関数の利用
① 富士山八合目の気温を予想してみよう
② 1次関数を利用して面積の変化を調べよう

例1 1次関数と測定結果

教 p.89〜90 → 基本 問題 ①

水が入っている水そうから水を出し，1分ごとに深さの目盛りを読んだら，次の表のようになりました。

時間 (x 分)	0	1	2	3	4	5
深さ (y cm)	20.0	16.1	12.0	7.9	4.1	0

(1)　y を x の式で表しなさい。

(2)　2.5 分のときの水の深さを求めなさい。

考え方 (1)　グラフ上に (x, y) の各点をとり，直線をひく。

解き方 表の値から各点をとり，できるだけはずれないようにグラフに表すと，ほぼ直線となるので，y は x の 1 次関数とみることができる。

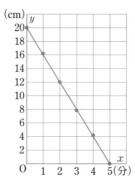

(1)　2 点，$(0, 20.0)$，$(5, 0)$ を通ることから傾きは $\dfrac{0-20.0}{5-0}=$ ①□

切片は ②□ と考えられる。

したがって，y を x の式で表すと，$y =$ ①□ $x +$ ②□

(2)　(1)で求めた式に $x = 2.5$ を代入して，$y =$ ①□ $\times 2.5 +$ ②□ $=$ ③□ (cm)

覚えておこう

実験や実測の結果を座標上にとったとき，ほぼ 1 直線上に点が並ぶなら，変化の割合が一定なので，y は x の 1 次関数とみることができる。

例2 1次関数と図形の面積

教 p.91 → 基本 問題 ②

右の図のような ∠C＝90°の直角三角形 ABC で，点 P は辺上を点 A から C を通って B まで動きます。A から x cm 動いたときの △ABP の面積を y cm² として，x と y の関係をグラフに表しなさい。

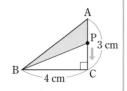

考え方 点 P が辺 AC 上を動くときと，辺 CB 上を動くときに分けて考える。

解き方 1 点 P が辺 AC 上を動くとき

底辺は AP，高さは BC だから，

$y = \dfrac{1}{2} \times x \times 4 =$ ④□ $(0 \leqq x \leqq 3)$

2 点 P が辺 CB 上を動くとき

底辺は BP，高さは AC だから，

$y = \dfrac{1}{2} \times (7-x) \times 3 =$ ⑤□ $x +$ ⑥□ $(3 \leqq x \leqq 7)$

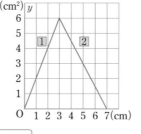

たいせつ

点が移動したときにできる図形の面積の問題では，x の変域によって面積を表す式が異なる。グラフは変域によって区別して表す。

基本問題 解答 p.19

1 1次関数と測定結果 　ある標高 2500 m の山の標高を x km，気温を y ℃ として，x と y の関係を調べると，次の表のようになりました。次の(1)〜(4)に答えなさい。 教 p.89〜90

x (km)	0	1.0	1.2	2.0
y (℃)	30	23.0	21.5	16

(1)　x と y が 2 点 (0, 30), (2.0, 16) を通るとして，この関係を直線のグラフに表しなさい。

(2)　(1)のグラフから，y を x の式で表しなさい。

(3)　(1)のグラフの傾きは何を表していますか。

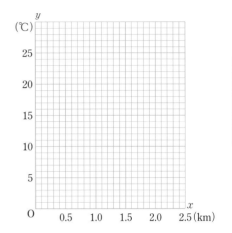

(4)　山頂 (標高 2500 m) のおよその気温を求めなさい。

2 1次関数と図形の面積 　右の図のような長方形 ABCD で，点 P は辺上を点 A から B，C を通って D まで動きます。点 P が A から x cm 動いたときの △APD の面積を y cm² として，次の(1)〜(3)に答えなさい。 教 p.91

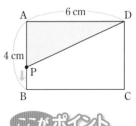

(1)　点 P が次の辺上にあるとき，x と y の関係を式で表しなさい。

① 辺 AB 上　　② 辺 BC 上
③ 辺 CD 上

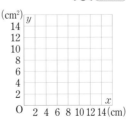

(2)　変域に注意して，グラフをかきなさい。

ここがポイント

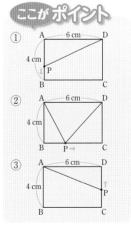

(3)　△APD の面積が 11 cm² になるときの x の値をすべて求めなさい。

48　教科書 ▶ p.92〜93

Chapter header:

3章 1次関数

確認のワーク ステージ1 3節　1次関数の利用
③ グラフをもとに問題を解決しよう

例1 1次関数とグラフ　教 p.92〜93 → 基本問題 1 2

　兄は，家から4km離れた公園まで歩きました。次のグラフは，兄が家を出発してから公園に着くまでの時間と，家からの道のりの関係を示したものです。兄が出発してから15分後に弟が分速200mの自転車で家を出発し，公園に向かったとすると，弟が兄に追いつくのは，兄が出発してから何分後ですか。また，家から何mの地点ですか。

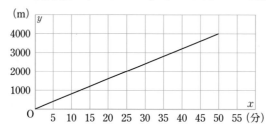

考え方　弟の進み方のようすをグラフ上に表すと，弟が兄に追いつく時間と地点はそれぞれ，2つのグラフの交点の x 座標，y 座標である。

解き方　兄が家を出発してからの時間を x 分，家からの道のりを y m として，y を x の式で表すと，$y = $ ① x ……⑦

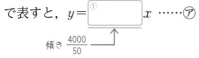傾き $\frac{4000}{50}$

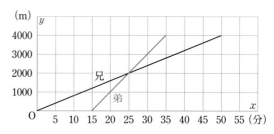

次に，弟のようすをグラフ上に表す。
弟のグラフは，点 $(15, 0)$ を通り，

15分後に出発

5分で1000m進むから，点 $(20, 1000)$ を通る。

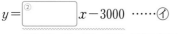分速200mより　15＋5(分)

したがって，この2点を通る直線の式は，
$y = $ ② $x - 3000$ ……①

2点 $(15, 0)$，$(20, 1000)$ を通る直線の式

⑦，①の交点の座標は，$(25,$ ③ $)$ だから，
弟が兄に追いつくのは，兄が家を出発してから，
25分後に，家から ③ m の地点となる。

注　⑦，①の式を連立方程式として解くと，$x = 25$，$y = $ ③ となり，グラフから読み取った座標と等しくなる。

出発してからの時間は，グラフの交点の x 座標，家からの距離は，グラフの交点の y 座標になるね。

答 ④ 分後，家から ③ m の地点

基本問題 ··· 解答 ▶ p.19

1 1次関数とグラフ　次の図は，火をつけてから x 分後のろうそくの長さを y cm として，x と y の関係をグラフに表したものです。

教 p.92活動1

(1)　はじめのろうそくの長さは何 cm ですか。

(2)　このろうそくは，1分間に何 cm の割合で燃えていますか。

(3)　y を x の式で表しなさい。

(4)　x の変域，y の変域を求めなさい。

(5)　火をつけてから 12 分後のろうそくの長さを求めなさい。

(6)　ろうそくの長さが 9 cm になるのは何分後ですか。

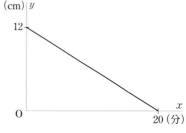

ここがポイント

x 分後のろうそくの長さは，

| はじめの長さ | − | x 分間で燃える長さ |

で表される。
はじめの長さ…一定の量
x 分間で燃える長さ
　　　…x に比例する量
なので，y は x の1次関数とみることができる。

2 1次関数とグラフ　次のグラフは，A さんが午前 8 時に家を出て 1500 m 離れた駅に向かうようすを表しています。

教 p.93

(1)　A さんの速さを分速で求めなさい。

(2)　A さんが駅に着く時刻を求めなさい。

(3)　A さんが家を出てから 15 分後に，妹はA さんの忘れ物に気づいて，自転車で分速 240 m の速さで追いかけました。そのようすを，右のグラフにかきなさい。

(4)　妹がA さんに追いつく時刻を求めなさい。

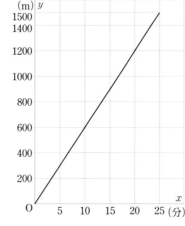

覚えておこう

縦軸に道のり，横軸に時間をとってかいたグラフの傾きは，速さを表している。
A さんが 10 分間で 600 m 進んでいるので速さは，
$600 \div 10 = 60$ より，
分速 60 m である。
これは，
$$\frac{(y \text{の増加量})}{(x \text{の増加量})} = \frac{600}{10} = 60$$
となり，グラフの傾きと一致する。

2節 方程式とグラフ
3節 1次関数の利用

1 次の方程式のグラフをかきなさい。

(1) $x+2y=-6$　　　　(2) $2x-3y=6$

(3) $\dfrac{x}{3}+\dfrac{y}{6}=1$　　　(4) $-4y+8=0$

(5) $3x+12=0$

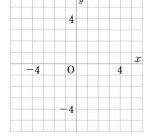

2 右の図について，次の(1)〜(3)に答えなさい。

(1) ①，②の直線の式を求めなさい。

(2) (1)を利用して，2つのグラフの交点の座標を求めなさい。

(3) ②のグラフとx軸との交点の座標を求めなさい。

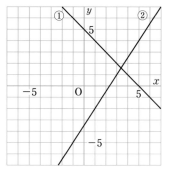

3 次の(1)，(2)に答えなさい。

(1) 2直線 $2x-y=2$, $ax-y=-3$ がx軸上で交わるとき，aの値を求めなさい。

(2) 3直線，$y=2x+4$, $y=-x+7$, $y=ax$ で三角形ができないようなaの値をすべて求めなさい。

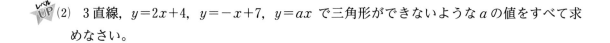

4 兄は9時に家を出て2400m離れた駅まで，途中の公園で20分休憩して向かいました。弟は9時30分に家を出て，自転車で兄と同じ道を駅まで向かいました。右の図は，9時x分における家からの道のりをymとして，兄と弟の進んだようすをグラフに表したものです。

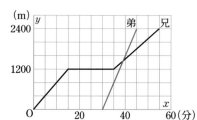

(1) 兄が家から公園まで歩いたときの速さは毎分何mか求めなさい。

(2) 弟が兄に追いついた時刻を求めなさい。

2 (1) ①は傾きと切片，②は2点をグラフから読み取る。
3 (2) $y=ax$ が $y=2x+4$, $y=-x+7$ のどちらか一方と平行となる場合，または，$y=ax$ が，$y=2x+4$ と $y=-x+7$ の交点を通る場合，三角形はできない。

5 連立方程式 $\begin{cases} -x+3y=6 & \cdots\cdots① \\ y=\dfrac{1}{3}x-2 & \cdots\cdots② \end{cases}$ について，次の問いに答えなさい。

(1) ①，②それぞれのグラフをかきなさい。

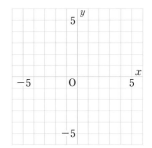

(2) (1)でかいたグラフをもとにして，連立方程式の解が見つか
らない理由を説明しなさい。

3章

![入試問題を やってみよう！]

1 学校から公園までの 1400 m の真っすぐな道を通り，学校と公園を走って往復する時間を
計ることにしました。Aさんは学校を出発してから 8 分後に公園に到着し，公園に到着後は
速さを変えて走って戻ったところ，学校を出発してから 22 分後に学校に到着しました。た
だし，Aさんの走る速さは，公園に到着する前と後でそれぞれ一定でした。Aさんが学校を
出発してから x 分後の，学校からAさんまでの距離を y m とすると，x と y との関係は次の
表のようになりました。

〔岐阜〕

x（分）	0	…	2	…	8	…	10	…	22
y（m）	0	…	ア	…	1400	…	イ	…	0

(1) 表中のア，イに当てはまる数を求めなさい。

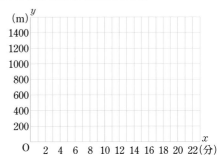

(2) x と y との関係を表すグラフをかきなさい。
$(0 \leq x \leq 22)$

(3) x の変域を $8 \leq x \leq 22$ とするとき，x と y との関係を式で表しなさい。

5 連立方程式の解の個数は，方程式をグラフに表したときの交点の数に等しい。
1 (2) 学校に戻ってきたとき，$y=0$ である。

解答▶p.21

1次関数

⏱ 40分　　/100

1 次の㋐〜㋒について，y が x の1次関数であるものを選びなさい。　　　　　（6点）

㋐　水が 5000 L 入っている水そうから毎分 15 L ずつ水をぬいていく。x 分後に水そうに残っている水の量は y L である。

㋑　面積 30 cm² の長方形で縦が x cm のとき，横は y cm である。

㋒　底辺が x cm，高さが 8 cm の三角形の面積は y cm² である。

（　　　　　　　）

2 1次関数 $y=-\dfrac{2}{3}x+4$ について，次の(1)〜(4)を求めなさい。　　4点×4（16点）

(1)　$y=0$ のときの x の値　　　　　　　　(2)　変化の割合

（　　　　　　　）　　　　　　　　（　　　　　　　）

(3)　x の値が -1 から 2 まで増加するときの y の増加量

（　　　　　　　）

(4)　この関数のグラフに平行で，点 $(6,8)$ を通る直線の式

（　　　　　　　）

3 y が x の1次関数であるとき，次の(1)〜(3)で y を x の式で表しなさい。　　4点×3（12点）

(1)　グラフが右の図のようになる。

（　　　　　　　）

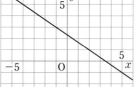

(2)　変化の割合が $-\dfrac{1}{4}$ で，$x=8$ のとき $y=1$

（　　　　　　　）

(3)　$x=-1$ のとき $y=8$，$x=4$ のとき $y=-2$

（　　　　　　　）

4 次の方程式のグラフをかきなさい。　　　　　　　　　　　　　　　　4点×4（16点）

(1)　$y=x-4$　　　　　　　(2)　$x+2y=6$

(3)　$3y+9=0$　　　　　　(4)　$2x-10=0$

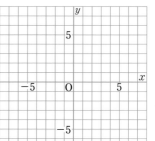

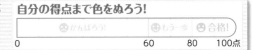

目標	1次関数のグラフをかくことや，直線の式を求めることは，確実にできるようにしておこう。

自分の得点まで色をぬろう！

😖がんばろう！ 😊もう一歩 😄合格！
0　　　　　　　60　　80　　100点

5 右の図で，直線 ℓ は $y=-x+3$ のグラフである。2直線 ℓ，m の交点を A，ℓ，m と x 軸との交点をそれぞれ B，C とするとき，次の(1)，(2)に答えなさい。　　5点×2(10点)

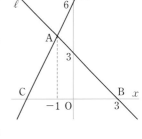

(1) 直線 m の式を求めなさい。

（　　　　　　　　　）

(2) △ABC の面積を求めなさい。

（　　　　　　　　　）

6 18 km 離れたA地とB地があります。PさんはA地を出発してB地に向かい，QさんはPさんの1時間30分後にB地を出発してA地に向かいました。右の図は，Pさんが出発してから x 時間後の，A地からの道のりを y km として，x と y の関係をグラフに表したものです。　　5点×4(20点)

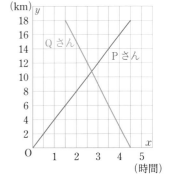

(1) Pさん，Qさんそれぞれについて，x と y の関係を式で表しなさい。

Pさん（　　　　　　　）　Qさん（　　　　　　　　　）

(2) Pさんは，出発してから何時間後に，A地から何km の地点でQさんと出会いますか。

出発してから（　　　　　）時間後，A地から（　　　　　）km の地点

7 右の図のような長方形 ABCD で，点Pは辺上をAからBを通ってCまで動きます。点PがAから x cm 動いたときの，四角形 APCD の面積を y cm² として，次の(1)～(3)に答えなさい。
5点×4(20点)

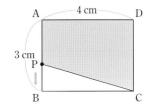

(1) 点Pが次の辺上にあるとき，x と y の関係を式で表しなさい。

① 辺 AB 上

（　　　　　　　　　）

② 辺 BC 上

（　　　　　　　　　）

(2) x と y の関係を右のグラフに表しなさい。

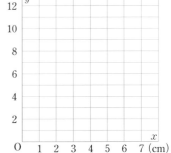

(3) 四角形 APCD の面積が 9 cm² になるときの x の値をすべて求めなさい。

（　　　　　　　　　）

 アプリ【どこでもワーク計算編・図形編】をやって，さらに力をつけよう！

1節 角と平行線
① いろいろな角　② 平行線と角

例1 対頂角

教 p.100〜101 → 基本 問題 ❶

右の図のように、3直線が1点で交わっています。
このとき、∠a、∠b、∠c、∠d はそれぞれ何度ですか。

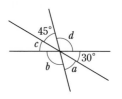

考え方 2直線が交わってできる角で、向かい合っている角を対頂角という。

対頂角は等しいという性質を利用する。

解き方 対頂角は等しいから、

$\angle a =$ ①〔　　　〕°、　$\angle c =$ ②〔　　　〕°、　$\angle b = \angle d$

$\angle d + 30° + 45° =$ ③〔　　　〕° だから、

_{一直線の角になる。}

$\angle b = \angle d = 180° - (30° + 45°)$

$\qquad =$ ④〔　　　〕°

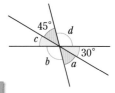

たいせつ

対頂角は、等しい。
$\angle a = \angle c$、　$\angle b = \angle d$

例2 平行線と同位角、錯角

教 p.102 → 基本 問題 ❷ ❸

次の図で、$\ell /\!/ m$ です。∠x の大きさは何度ですか。

(1)

ℓ　50°

m　　　x

(2)

ℓ　　65°

m　　　x

考え方 2直線に1つの直線が交わってできる角のうち、右のような位置にある角を、同位角、錯角という。2直線が平行ならば、同位角、錯角は等しいという性質を利用する。

錯角　同位角

解き方 (1)　$\ell /\!/ m$ のとき、⑤〔　　　　〕は等しいから、

_{同位角？錯角？}

$\angle x =$ ⑥〔　　　〕°

(2)　$\ell /\!/ m$ のとき、⑦〔　　　　〕は等しいから、

_{同位角？錯角？}

$\angle x =$ ⑧〔　　　〕°

たいせつ

$\ell /\!/ m$ の2直線に1つの直線が交わるとき、

① 同位角 は等しい。
② 錯角 は等しい。

同位角　錯角

基本問題 ······ 解答 p.23

1 対頂角　右の図のように，3直線が1点で交わっています。

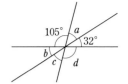

教 p.101 Q2

(1)　∠a の対頂角はどれですか。

(2)　∠b＋∠c＋∠d は何度ですか。

一直線の角は，180° だね！

(3)　∠a，∠b，∠c，∠d の大きさはそれぞれ何度ですか。

2 同位角，錯角　右の図で，次の(1)～(4)に答えなさい。

教 p.101 Q3

(1)　∠a の同位角をいいなさい。

(2)　∠c の同位角をいいなさい。

(3)　∠b の錯角をいいなさい。

(4)　∠e の錯角をいいなさい。

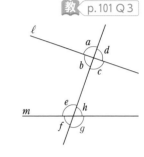

3 平行線と同位角，錯角　次の(1)，(2)に答えなさい。

教 p.102 Q2～p.103 Q3

(1)　右の図で，ℓ∥m のとき，∠x，∠y はそれぞれ何度ですか。

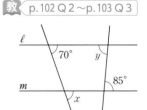

(2)　右の図について答えなさい。

　㋐　a～d の直線のうち，平行であるものを記号 ∥ を使って示しなさい。

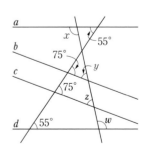

　㋑　∠x，∠y，∠z，∠w のうち，等しい角の組をいいなさい。

たいせつ

2直線に1つの直線が交わるとき，

1　同位角が等しい。
2　錯角が等しい。

ならば → 2直線は平行

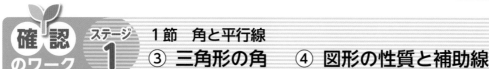

確認のワーク ステージ 1
1節 角と平行線
③ 三角形の角　④ 図形の性質と補助線

例 1 三角形の内角と外角 ────── 教 p.104〜105 → 基本問題 ❶❷

右の図で，AE∥BC です。

この図を使って，△ABC の内角の和が 180° であることを説明しなさい。

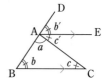

考え方 ∠a，∠b，∠c を △ABC の内角(ないかく)という。

平行線と角の関係を利用する。

解き方 AE∥BC より，同位角は等しいから，∠b＝∠[①　　　　　]
　　　　　　　　　　　　　　　　　　　平行線の同位角

AE∥BC より，錯角は等しいから，∠c＝∠[②　　　　　]
　　　　　　　　　　　　　　　　　平行線の錯角

したがって，△ABC の内角の和は，

∠a＋∠b＋∠c＝∠a＋∠b'＋∠c'
　　　　　　　　　　　　一直線の角

　　　　＝[③　　　　　]。

たいせつ

[1]三角形の内角の和

三角形の内角の和は 180° である。

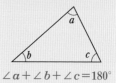

∠a＋∠b＋∠c＝180°

三角形の内角の和が 180° であることは，いろいろな場面で使えるよ。しっかり覚えておこう。

例 2 図形の性質と補助線 ────── 教 p.106〜107 → 基本問題 ❸

右の図で，ℓ∥m のとき，∠x の大きさを求めなさい。

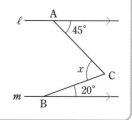

考え方 ℓ∥m のとき，錯角が等しいことを利用できるように ℓ，m に平行な直線を補助線としてひいて考える。

解き方 直線 ℓ，m に平行で点Cを通る直線を補助線としてひく

と，錯角は等しいから，図の・の角は[④　　　　　]°。

同様に，錯角は等しいから，

°＝[⑤　　　　　]°。

したがって

∠x＝・＋°＝45°＋20°＝[⑥　　　　　]°。

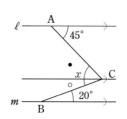

基本問題 ⋯⋯⋯⋯⋯⋯⋯⋯⋯⋯⋯⋯⋯⋯⋯⋯⋯⋯⋯ 解答 **p.23**

1 三角形の内角の性質　右の図で △ABC の頂点 A を通って辺 BC に平行な直線 DE をひきます。この図を使って，三角形の内角の和が 180°であることを(1)〜(3)にしたがって説明しなさい。　教 p.104 活動**1**

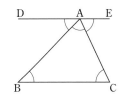

(1)　∠B＝∠DAB である理由を書きなさい。

(2)　∠C＝∠EAC である理由を書きなさい。

(3)　(1)，(2)を利用して，∠CAB＋∠B＋∠C＝180° が成り立つことを説明しなさい。

2 三角形の内角と外角　次の図で，∠x の大きさを求めなさい。　教 p.105 Q3

(1)
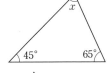

(2)
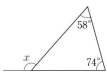

(3)
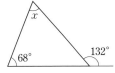

(4)
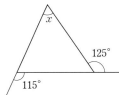

(5)
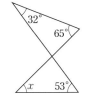

(6)
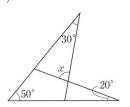

> **たいせつ**
>
> **②三角形の外角の性質**
> 三角形の 1 つの外角は，それととなり合わない 2 つの内角の和に等しい。
>
>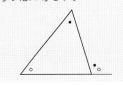

3 図形の性質と補助線　次の図で，ℓ∥m のとき，∠x の大きさを求めなさい。　教 p.107 Q2

(1)
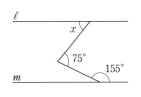

(2)
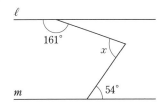

> **ここがポイント**
>
> 補助線をひいて考える。
> (1) ℓ，m に平行な直線。
>
>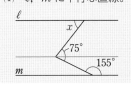

 確認のワーク　ステージ 1

1 節　角と平行線
⑤ 多角形の内角　　⑥ 多角形の外角
⑦ 図形の性質の調べ方　⑧ （利用） 星形の図形の角の和を求めよう

例1 多角形の内角と外角　　　　　教 p.108〜111 → 基本問題 ❶ ❷ ❸

多角形の内角と外角について，次の(1)〜(3)に答えなさい。

(1)　九角形の内角の和を求めなさい。

(2)　正九角形の 1 つの内角の大きさを求めなさい。

(3)　九角形の外角の和を求めなさい。

考え方 (1)　1 つの頂点からひいた対角線によって 7 つの三角形
に分けられる。

解き方 (1)　右の図より，九角形の内角の和は，

$180° \times 7 = $ ①□ °

三角形の内角の和×7

(2)　正九角形では 9 つの内角の大きさはすべて
等しいから，

①□ ° ÷ 9 = ②□ °

(3)　多角形の外角の和は 360° だから，

何角形でも外角の和は 360°

九角形の外角の和も ③□ °

覚えておこう

下の図の多角形で，
内角…∠B，∠C など
外角…∠a のように，
1 つの辺とそのとなり
の辺の延長とがつくる
角。∠a′ も，頂点 A に
おける外角である。

外角 a　A　a′
B　　　　E
内角
C　　D

例2 図形の性質の調べ方　　　　　教 p.114 → 基本問題 ❹

右の図で，∠x の大きさを求めなさい。

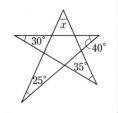

考え方 下の図で，△AFG に 5 つの角 ∠A，∠B，∠C，∠D，∠E を集める。

解き方 右の図で，内角と外角の関係から，

△BCF で，∠AFG＝∠B＋∠C＝25°＋40°＝65°

△DEG で，∠AGF＝∠D＋∠E＝30°＋35°＝65°

△AFG で，∠A＋∠AFG＋∠AGF＝ ④□ °

三角形の内角の和。

よって，∠x＋65°＋65°＝180° より，

∠x＝ ⑤□ °

三角形の内角と外角
の関係を使って求め
るんだね。

基本問題

解答 ▶ p.23

1 多角形の内角の和　次の(1)〜(3)に答えなさい。

教 p.109 例 3, 例 4

(1) 十四角形の内角の和を求めなさい。

(2) 内角の和が $1620°$ である多角形は，何角形ですか。

(3) 次の図で，$\angle x$ の大きさを求めなさい。

①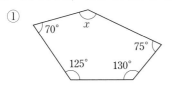

②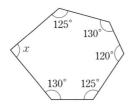

> **たいせつ**
>
> 多角形の内角の和
>
> n 角形の内角の和は，
> $180° \times (n-2)$
> である。

2 多角形の外角の和　七角形の外角の和を次のようにして求めました。□ にあてはまる数を書きなさい。

教 p.110 活動 1

七角形のどの頂点でも，内角と外角の和は □ ° である。

したがって，7 つの頂点の内角と外角の和をすべて加えると，

$$\boxed{}° \times 7 = \boxed{}°$$

ここで，七角形の内角の和は，

$$180° \times (7-2) = 900°$$

したがって，七角形の外角の和は，

$$\boxed{}° - 900° = \boxed{}°$$

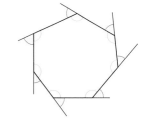

> **たいせつ**
>
> 多角形の外角の和
>
> n 角形の外角の和は，
> $360°$ である。

3 多角形の外角の和　次の(1)，(2)に答えなさい。

教 p.111 Q1, Q2

(1) 正五角形の 1 つの外角の大きさを求めなさい。

(2) 右の図で，$\angle x$ の大きさを求めなさい。

4 9 つの角の和　右の図について，次の(1)〜(3)に答えなさい。

教 p.114

(1) 九角形 JKLMNOPQR の外角の和を求めなさい。

(2) △AJR，△BKJ，△CLK，△DML，△ENM，△FON，△GPO，△HQP，△IRQ の内角の和の合計は何度ですか。

(3) (1)，(2)の結果を使って，
$\angle a + \angle b + \angle c + \angle d + \angle e + \angle f + \angle g + \angle h + \angle i$ が何度になるか求めなさい。

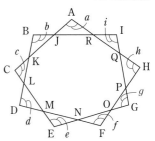

1節　角と平行線

1 右の図のように，3直線が1点で交わっています。

(1) ∠a の対頂角をいいなさい。

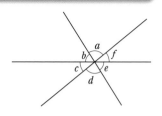

(2) ∠b＋∠d＝135° のとき，∠f は何度ですか。

2 次の図で，∠x の大きさを求めなさい。ただし，(1)〜(4)では ℓ∥m です。

(1)

(2)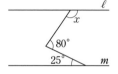

(3)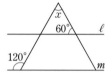

(4)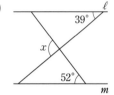

(5)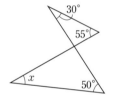

(6)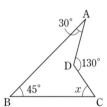

(7)

(8)

(9)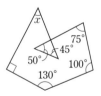

3 七角形の内部に点Oをとり，右の図のように7個の三角形に分けました。この図をもとに，七角形の内角の和を求めなさい。

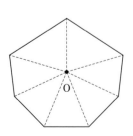

2 (1) ∠x の頂点を通り，ℓ，m に平行な直線をひいて，錯角に注目する。

(8) 六角形であるから，まず六角形の内角の和を求める。

3 7個の三角形の内角の和から，点Oのまわりの角 (360°) をひいて考える。

👑 **4** 次の(1)〜(5)に答えなさい。

(1) 内角の和が 2160° である多角形は，何角形ですか。

(2) 1つの内角が 160° である正多角形は正何角形ですか。

(3) 1つの外角が 40° である正多角形は，正何角形ですか。

(4) 1つの外角が 24° である正多角形の内角の和を求めなさい。

(5) 1つの内角の大きさが，1つの外角の大きさの5倍である正多角形は正何角形ですか。

⭐ **5** 右の図の四角形で，∠A の二等分線と ∠C の二等分線の交点を E とするとき，∠x は何度ですか。

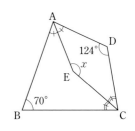

4 章

📝 **入試問題を** やってみよう！ --------

1 次の図で，∠x の大きさを，それぞれ求めなさい。

(1) ℓ∥m 〔兵庫〕　(2) ℓ∥m 〔富山〕　(3) ℓ∥m 〔山口〕

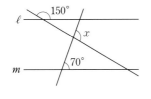 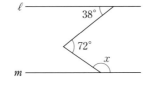 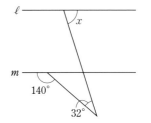

2 次の図で，ℓ∥m であり，点Dは ∠BAC の二等分線と直線 m との交点です。このとき，∠x の大きさを求めなさい。　〔京都〕

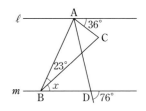

5 ∠BAE＝∠a，∠BCE＝∠c とすると，四角形 ABCD で，2∠a＋2∠c＋70°＋124°＝360°
この式から，∠a＋∠c の値を求め，四角形 AECD の内角の和を利用する。

2 平行な直線の同位角や錯角の性質を使って，∠BAC を求める。

確認のワーク　ステージ1

2節　図形の合同
① 合同な図形　② 三角形の合同条件
③ 合同な三角形と合同条件

例1 合同な図形

教 p.116 → 基本問題①

右の図で，2つの四角形は合同です。このことを，記号 ≡ を使って表しなさい。また，辺 AB に対応する辺をいいなさい。

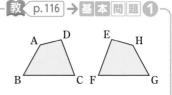

考え方 移動させて重ね合わせることができる2つの図形は，合同（こうどう）である。四角形 EFGH を裏返すと，四角形 ABCD にぴったり重なる。

解き方 頂点A，B，C，D に対応する頂点はそれぞれ

H，G，F，E であるから，

四角形 ABCD≡四角形 ①[　　　] と表せる。
合同を表す記号↗　　　　　↑　　　└頂点は対応する順に書く。

また，辺 AB に対応する辺は，辺 ②[　　　] である。

> **たいせつ**
> 合同な図形では，次の性質が成り立つ。
> ①対応する線分の長さはそれぞれ等しい。
> ②対応する角の大きさはそれぞれ等しい。

例2 合同な三角形

教 p.120 → 基本問題②③

次の図で，合同な三角形の組を見つけ，記号 ≡ を使って表しなさい。また，そのときに使った合同条件をいいなさい。

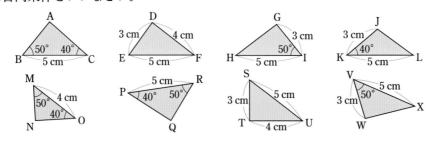

考え方 等しい辺や角に着目して考える。

解き方 わかっている辺，角が等しい三角形を見つける。

△ABC≡△ ③[　　　]　5 cm の辺の両端の角が 50° と 40°

1組の辺とその両端の角がそれぞれ等しい。

△DEF≡△ ④[　　　]　3 辺が，3 cm, 4 cm, 5 cm

3組の辺がそれぞれ等しい。

△GHI≡△WXV　3 cm と 5 cm の辺の間の角が 50°

⑤[　　　] がそれぞれ等しい。

> **三角形の合同条件**
> ①3組の辺がそれぞれ等しい。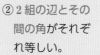
> ②2組の辺とその間の角がそれぞれ等しい。
> ③1組の辺とその両端（りょうたん）の角がそれぞれ等しい。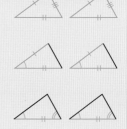

基本問題 .... 解答 **p.25**

❶ 合同な図形 次の2つの四角形が合同であるとき，下の(1)〜(5)に答えなさい。 教 p.116〜117

(1) 頂点Aに対応する頂点を答えなさい。

(2) 辺 AD に対応する辺を答えなさい。

(3) 2つの四角形が合同であることを記号 ≡ を使って表しなさい。

(4) 次の辺の長さを求めなさい。
① BC ② GH

(5) 次の角の大きさを求めなさい。
① ∠B ② ∠G ③ ∠E

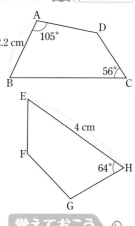

覚えておこう

2つの図形が合同であることを ≡ を使って表すとき，頂点は対応する順に書く。

4章

❷ 合同な三角形 次の図の三角形のなかから合同な三角形の組を見つけ，記号 ≡ を使って表しなさい。また，そのときに使った合同条件をいいなさい。 教 p.120 Q1

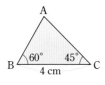 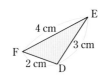 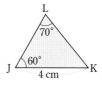

  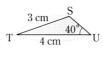 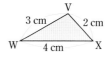

❸ 三角形の合同条件 右の2つの三角形で，∠B＝∠E，∠C＝∠F です。このとき，あと1つどのようなことがいえれば，△ABC≡△DEF となりますか。すべて答えなさい。 教 p.121 Q3

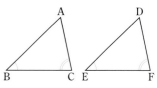

∠B＝∠E，∠C＝∠F なので，∠A＝∠D になるね。

ステージ 1

2節 図形の合同
④ 三角形の合同条件の使い方 ⑤ 仮定と結論
⑥ 証明のしくみ

例 1 三角形の合同条件の使い方

教 p.122〜123 → 基本問題 1

右の図は，線分 AB の点Aから，

∠BAC＝∠BAD，AC＝AD

となる点C，Dをとり，四角形 ADBC を作図したものです。

∠ACB＝∠ADB であることを証明しなさい。

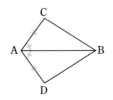

考え方 △ABC≡△ABD がいえれば，合同な図形の対応する角は等しいから，

∠ACB＝∠ADB となる。

解き方 △ABC と △ABD で， ← 合同を証明する2つの三角形を書く。

仮定から， ∠BAC＝∠BAD ……①

AC＝AD ……② ┐ 合同条件を
見つける。

共通な辺だから， AB＝ [①　　　] ……③ ┘

①，②，③から， [②　　　　　　　　　　] がそれぞれ

②と③が辺で，①がその間の角だから，合同条件は？

等しいので， △ABC≡△ABD

合同な三角形の対応する角だから， ┐ 合同な三角形の
対応する角は等しい。

∠ACB＝∠ADB

> **覚えておこう**
>
> すでに正しいと認められたことがらを根拠として，あることがらが成り立つことをすじ道を立てて述べることを証明という。

例 2 証明のしくみ

教 p.126 → 基本問題 3

右の図で，AB＝DC，∠ABC＝∠DCB ならば △ABC≡△DCB です。仮定と結論をいい，証明しなさい。

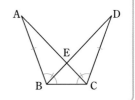

考え方 与えられた条件から，どの合同条件が使えるかを考える。

解き方 仮定は AB＝DC，∠ABC＝∠DCB，

結論は △ABC≡△DCB である。

△ABC と △DCB で， ← 合同を証明する2つの三角形を書く。

仮定から， AB＝DC ……①

∠ABC＝∠DCB ……② ┐ 合同条件を
見つける。

共通な辺だから， BC＝CB ……③ ┘

①，②，③から， [③　　　　　　　　　　] がそれぞれ

①と③が辺で，②がその間の角だから，合同条件は？

等しいので， △ABC≡△ [④　　　] ← 結論を書く。

> **たいせつ**
>
> 「ⓐならばⓑ」のように表したとき，ⓐを仮定，ⓑを結論という。

「ならば」の前が仮定，後が結論だね。

基本問題 ·· 解答 p.25

1 三角形の合同条件の使い方　次の図で，AC＝AE，∠ACB＝∠AED であるとき，BC＝DE であることを証明します。 p.123活動2

(1) 結論 BC＝DE を証明する
には，どの三角形とどの三角形
の合同をいえばよいですか。

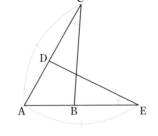

(2) (1)で考えた2つの三角形の合
同を示すには，三角形のどの合
同条件を使いますか。

(3) (1)の合同が証明されると，BC＝DE がいえるのはなぜ
ですか。

(4) (1)の合同が証明されたとき，辺の長さについて，
BC＝DE 以外にどのような結論が得られるか答えなさい。

覚えておこう

証明の根拠として使われる図
形の性質
①対頂角の性質
②平行線の性質
③平行線であるための条件
④三角形の内角と外角の性質
⑤合同な図形の性質
⑥三角形の合同条件
⑦$a=b$，$b=c$ ならば，
　$a=c$ などの数量について
　の性質
⑧$\ell /\!/ m$，$m /\!/ n$ ならば，
　$\ell /\!/ n$
⑨n 角形の内角の和は，
　$180°\times(n-2)$
⑩多角形の外角の和は，360°

4章

2 仮定と結論　次の(1)～(4)について，仮定と結論をいいなさい。 p.125 Q1

(1) $a=b$ ならば，$a+c=b+c$ である。

(2) △ABC≡△DEF ならば，∠A＝∠D である。

(3) 2つの三角形が合同ならば，その2つの三角形の面積は等しい。

(4) 正三角形の3つの辺の長さは等しい。

3 証明のしくみ　右の図で，∠ABC＝∠DCB，
∠ACB＝∠DBC ならば，AB＝DC です。 p.126 Q1

(1) 仮定と結論をいいなさい。

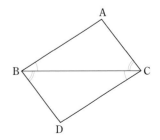

(2) このことを証明しなさい。

左ページの
例の答え　　①AB　②2組の辺とその間の角　③2組の辺とその間の角　④DCB

確認のワーク　ステージ1

2節　図形の合同
⑦ 利用 直接測ることのできない距離を求める方法を考えよう
〔活用・探究〕 つながる・ひろがる・数学の世界　穴のあいた多角形の角の和を求めよう

例1 合同な図形の性質の利用
教 p.128 → 基本問題 1 2

海岸の地点Aから，船Pまでの距離を，次の方法で求めました。
1 海岸上に点Bを定める。
2 ∠PAB＝∠CAB，∠PBA＝∠CBA
　となるように点Cを定める。
3 2点 A，C 間の距離を測る。
この方法で A，P 間の距離が求められる理由を説明しなさい。

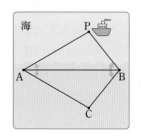
海
P

A　　　B

C

考え方 合同な三角形では，対応する辺の長さは等しいという性質を使って考える。

解き方 △PAB と △CAB で，　←合同を証明する
2つの三角形を書く。

仮定から，　　　∠PAB＝∠CAB ……①
　　　　　　　　∠PBA＝∠CBA ……② } 合同条件を
見つける。

共通な辺だから，　　AB＝AB ……③

①，②，③から，[①　　　　　　　]がそれぞれ

等しいので，　　△PAB≡△CAB
合同な図形の対応する辺だから，
} 合同な三角形の
対応する辺は等しい。

　　　　　　　AP＝[②　　　]

よって，地点Aから船Pまでの距離は，[②　　　]

の長さを測れば求められる。

図から合同な三角形を見つけて，合同な図形の対応する辺の長さは等しいという性質を使えばいいね。

例2 穴のあいた多角形の角の和
教 p.132 → 基本問題 3

右の図のように，五角形の中に四角形の穴があいている紙があります。このとき，紙にできる9つの角の和を求めなさい。

考え方 四角形，五角形の内角の和を利用する。

解き方 五角形の内角の和は，

180°×(5 −2)＝[③　　　]°。

四角形のまわりにできる4つの角の和は，

360°× 4 −360°＝1080°
　　　　四角形の内角の和

だから，[③　　　]°＋1080°＝[④　　　]°。

ここが ポイント

n 角形の内角の和は 180°×(n−2) であることを使う。
四角形のまわりの4つの角の和は，
360°×4−360°

基本問題 .... 解答 p.25

1 合同な図形の性質の利用　直線 ℓ と，ℓ 上にない点 P があるとき，P を通り ℓ に平行な直線を
次のようにして作図しました。

① ℓ 上に点 A をとる。

② AP＝AB となる点 B をとる。

③ AB＝PQ，BP＝AQ となる点 Q
　をとる。

④ 直線 PQ をひく。

この作図で，PQ∥ℓ となる理由を説明しなさい。

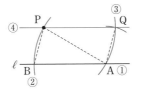

📖 p.128

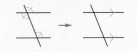
思い出そう

平行線であるための条件
同位角または錯角が等しければ，2直線は平行

---

2 合同な図形の性質の利用　次の図のように，建物をはさんで 2 つの地点 A，B があります。
AB の長さは直接測ることができないので，次の方法で測ることにしました。　📖 p.128 Q1

① 直線 AB 上にない点 P を定める。

② AP＝QP，∠APB＝∠QPB となるように点 Q を定める。

③ 2 点 B，Q 間の距離を測る。

この方法で A，B 間の距離が求められる理由を説明しなさい。

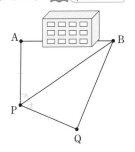

---

3 穴のあいた多角形の角の和　次の図で，印のついた角の和を求めます。　📖 p.132

(1) 四角形の内角の和と，六角形のまわり
　にできる角の和をそれぞれ計算して求め
　なさい。

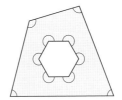

知ってると得

(1)～(3)の考え方のほかにも，次の図のように，三角形と四角形に分けて考えることもできる。

(2) 六角形の外角の和が 360° であること
　を使って求めなさい。

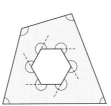

(3) 右の図のように三角形に分割して求め
　なさい。

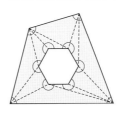

左ページの
例 の答え　①1組の辺とその両端の角　②AC　③540　④1620

解答 ▶ p.26

2節　図形の合同

1 次の(1), (2)の図で, 合同な三角形を, 記号≡を使ってそれぞれ表しなさい。また, そのときに使った合同条件をいいなさい。

(1)　OA＝OD, ∠A＝∠D

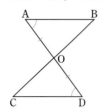

(2)　OA＝OB, ∠AOC＝∠BOC

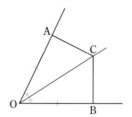

2 次の図で, ℓ∥m, AM＝BM ならば CM＝DM となります。

(1)　仮定と結論をいいなさい。

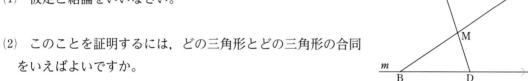

(2)　このことを証明するには, どの三角形とどの三角形の合同をいえばよいですか。

(3)　このことを次のように証明しました。□をうめなさい。

証明　△AMC と △①□ で,

仮定から,　　　　AM＝BM

　　　　　　∠AMC＝∠②□ ……⑦

　　　　　　∠MAC＝∠③□ ……①

したがって, △AMC≡△④□ ……⑦

合同な三角形の対応する辺だから, CM＝DM ……①

(4)　(3)の証明の⑦〜①の根拠としたことはそれぞれ何ですか。

3 右の図のような, AB＝DC, ∠ABC＝∠DCB である四角形 ABCD があります。この四角形の対角線 AC, DB をひくと, AC＝DB となることを証明しなさい。

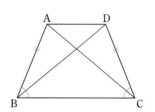

1 合同な三角形を見つけるには, 対頂角や共通な辺, 角に注目する。

3 AC, DB をそれぞれ辺にもつ 2 つの三角形をさがし, その 2 つの三角形の合同を証明する。初めに, 証明すべきことがらの仮定と結論をはっきりさせるとよい。

❹ 右の図は，点Pから直線ℓへの垂線のひき方を示しています。

(1) 作図のしかたを説明しなさい。

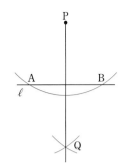

^{レベル}UP (2) この作図が正しい理由を説明しなさい。

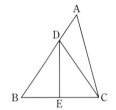

❺ 右の図のように，△ABC の辺 BC の垂直二等分線が辺 AB，BC と交わる点をそれぞれ D，E とします。このとき，線分 DE は ∠BDC の二等分線であることを証明しなさい。

入試問題を やってみよう！ ······································

① 直線 ℓ 上にある点Pを通る ℓ の垂線をひくために，次のように作図しました。

> **1** 点Pを中心とする円をかき，直線 ℓ との交点を A，B とする。
> **2** 点 A，B を，それぞれ中心として，等しい半径の 2 つの円を交わるようにかき，その交点の 1 つをQとする。
> **3** 直線 PQ をひく。

この直線 **PQ** が直線 ℓ と垂直であることを次のように証明しました。

ア ，イ ，ウ をうめて証明を完成しなさい。　〔愛知〕

証明 △QAP と △QBP で，

PA＝PB　　……①

PQ＝PQ　　……②

AQ＝ ア 　　……③

①，②，③から，3 組の辺がそれぞれ等しいので，

△QAP≡△QBP

よって，∠QPA＝∠ イ 　　……④

④と，∠QPA＋∠ イ ＝ ウ °から，∠QPA＝90°

つまり，PQ⊥ℓ

❹ △PAQ と △PBQ が合同になることから説明する。

❺ ∠BDE＝∠CDE であることを証明すればよい。

① 合同な三角形の対応する角の和が 180° になっていることから，∠QPA＝90° を証明している。

実力判定テスト　ステージ3　**平行と合同**

⏱40分　　/100

1 次の図で，∠xの大きさをそれぞれ求めなさい。　　　　5点×6（30点）

(1) $\ell /\!/ m$

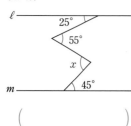

（　　　　　　　）

(2)

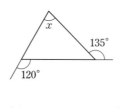

（　　　　　　　）

(3)

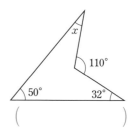

（　　　　　　　）

(4)

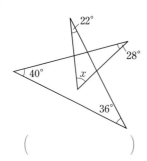

（　　　　　　　）

(5)

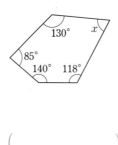

（　　　　　　　）

(6)

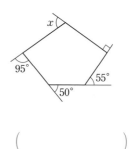

（　　　　　　　）

2 多角形について，次の角の大きさをそれぞれ求めなさい。　　5点×3（15点）

(1) 十三角形の内角の和

（　　　　　　　）

(2) 正十角形の1つの外角

（　　　　　　　）

(3) 正十五角形の1つの内角

（　　　　　　　）

3 右の図で，6つの角 ∠a，∠b，∠c，∠d，∠e，∠f の和を求めなさい。　　　　　　　　　　　　　　　　　　　　　（5点）

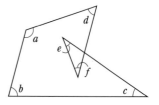

（　　　　　　　）

4 右の図の △ABC で，∠B と ∠C の二等分線の交点をDとします。∠BDC＝132° のとき，∠A は何度ですか。　　（5点）

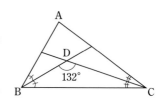

（　　　　　　　）

自分の得点まで色をぬろう!

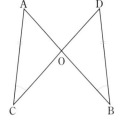

❺ 右の図で，合同な三角形を，記号≡を使って表しなさい。また，そのときに使った合同条件をいいなさい。　　　5点×2（10点）

合同な三角形（　　　　　　　　　　）

合同条件（　　　　　　　　　　　）

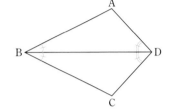

❻ 右の図の四角形 ABCD で，
$\angle ABD = \angle CBD$，　$\angle ADB = \angle CDB$
ならば，AB＝CB です。　　　5点×5（25点）

(1) 仮定と結論をいいなさい。

仮定（　　　　　　　　　　　）

結論（　　　　　　　　　　　）

(2) このことを証明するとき，どの三角形とどの三角形の合同をいえばよいですか。

（　　　　　　　　　　　）

(3) (2)の証明をするときに使う三角形の合同条件をいいなさい。

（　　　　　　　　　　　）

(4) 証明の根拠となることがらを明らかにしながら証明しなさい。

❼ 右の図で，印のついた 10 個の角の和を求めなさい。　（10点）

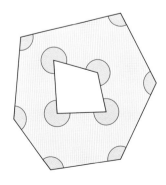

（　　　　　　　　　）

 アプリ【どこでもワーク計算編・図形編】をやって，さらに力をつけよう！

 1節　三角形
① 二等辺三角形の性質
② 二等辺三角形であるための条件　③ 逆　④ 正三角形

例 1 二等辺三角形 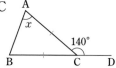 教 p.137〜138 → 基本問題 ❶

次の図で，∠x の大きさを求めなさい。

(1)　AB＝AC

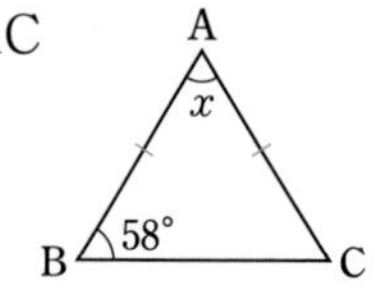

(2)　AC＝BC

考え方　二等辺三角形の底角は等しいことを使う。

解き方 (1)　∠C＝∠B＝□①　。
底角が等しい

∠x＝180°−58°×2＝□②　。
三角形の内角の和

(2)　∠A＝∠B＝∠x
底角が等しい

∠A＋∠B＝∠ACD　← 三角形の内角と外角の関係
頂点Cの外角

よって，
∠x＋∠x＝140°
∠x＝□③　。

 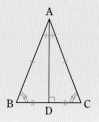

たいせつ

二等辺三角形の定義
2つの辺の長さが等しい三角形を二等辺三角形という

二等辺三角形の性質
① 2つの底角は等しい。
② 頂角の二等分線は，底辺を垂直に二等分する。

例 2 二等辺三角形であるための条件 教 p.139 → 基本問題 ❷

△ABC で，∠A＝∠C ならば，AB＝CB です。このことを証明しなさい。

考え方　AB と CB をそれぞれ辺にもつ2つの三角形をつくり，合同であることを示す。

証明　∠B の二等分線と辺 AC との交点をDとする。

△ABD と △CBD で，
仮定から，　　　　　∠A＝∠C　　……①
BD は ∠B の二等分線だから，
　　　　　∠ABD＝∠CBD　　……②
①と②より，　　　∠ADB＝∠CDB　　……③
2つの角がそれぞれ等しいので残りの角も等しい。
共通な辺だから，　　BD＝BD　　……④
②，③，④から，□④　が
それぞれ等しいので，△ABD≡△CBD
対応する辺だから，　　AB＝CB

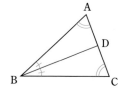

たいせつ

二等辺三角形であるための条件
2つの角が等しい三角形は
二等辺三角形である。

基 本 問 題 ‥‥‥‥‥‥‥‥‥‥‥‥‥‥‥‥‥‥‥‥‥‥‥‥‥‥‥ 解答 p.28

1 二等辺三角形の性質　次の図で，∠x の大きさを求めなさい。ただし，同じ印をつけた辺は等しいとします。　　　　　　　　　　　　　　　　　　　　　　教 p.138 Q 3

(1) 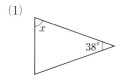　　　　(2) 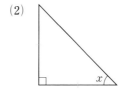　　　　(3)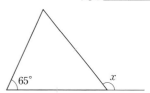

2 二等辺三角形であるための条件　右の図で，AB＝AC，
∠ABD＝∠ACE とします。このとき，△PBC は二等辺三角形であることを次のように証明しました。□をうめなさい。　教 p.139

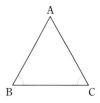

証明 仮定から，AB＝AC だから，△ABC は二等辺三角形である。

　　二等辺三角形の [①＿＿＿] は等しいから，

　　　　　∠ABC＝∠ACB

　　また，仮定から，∠ABD＝∠ACE だから，

　　　　　∠PBC＝∠ABC－∠ABD

　　　　　　　＝∠ACB－∠[②＿＿] ＝∠[③＿＿]

　　したがって，[④＿＿＿] が等しいから，

　　△PBC は二等辺三角形である。

> **覚えておこう**
>
> **定義**…用語の意味を，はっきりと簡潔に述べたものを，その用語の定義という。
> **定理**…すでに証明されたことがらのうちで，いろいろな性質を証明するときの根拠としてよく使われるものを定理という。

5 章

3 逆　次の(1)，(2)の逆をいいなさい。また，逆は成り立ちますか。

(1)　2直線が平行ならば，錯角は等しい。　教 p.140 活動 1

(2)　2つの三角形が合同ならば，対応する角は等しい。

> **たいせつ**
>
> あることがらの仮定と結論を入れかえて得られることがらの一方を他方の逆という。

4 正三角形と二等辺三角形の関係　△ABC で，∠A＝∠B＝∠C ならば，AB＝BC＝CA であることを，次のように証明しました。□をうめなさい。　教 p.141

証明 ∠A＝∠B から，

　　　　　AC＝[①＿＿]　　……①

　　同様に，∠B＝∠C から，

　　　　　[②＿＿]＝AC　　……②

　　①，②から，AB＝[③＿＿]＝CA

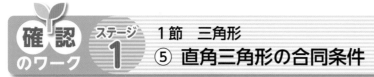

確認のワーク　ステージ1　1節 三角形
⑤ 直角三角形の合同条件

例1 直角三角形の合同条件
教 p.143 →基本問題①②

次の三角形のなかから，合同な直角三角形の組を見つけ，記号 ≡ を使って表しなさい。また，そのときに使った直角三角形の合同条件をいいなさい。

    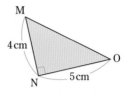

考え方 斜辺と1鋭角，または，斜辺と他の
↑ 直角に対する辺
1辺がそれぞれ等しい三角形を見つける。

解き方 △ABC≡△HIG

斜辺と ① [　　　　] がそれぞれ等しい。
BC＝IG　∠B＝∠I

△DEF≡△ ② [　　　]

斜辺と ③ [　　　] がそれぞれ等しい。
DF＝KL　DE＝KJ

たいせつ
直角三角形の合同条件
①斜辺と他の1辺がそれぞれ等しい。

②斜辺と1鋭角がそれぞれ等しい。

例2 直角三角形の合同条件を使った証明
教 p.144 →基本問題④

△ABC の辺 BC の中点を M とし，頂点 B，C から直線 AM にそれぞれ垂線 BD，CE をひきます。このとき，BD＝CE であることを証明しなさい。

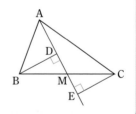

考え方 BD と CE を辺にもつ2つの直角三角形に着目する。

証明 △BMD と △CME で，

仮定から，BM＝CM　　　　　　……①
　　中点 M で2等分される。
　　　　　∠BDM＝∠CEM＝90°　……②
　　　　　直角であることを示す。

対頂角は等しいので，∠BMD＝∠CME ……③

①，②，③から，④ [　　　　　　] がそれぞれ

等しい直角三角形なので，△BMD≡△CME

対応する辺だから，BD＝CE

覚えておこう
1つの角が直角である二等辺三角形を**直角二等辺三角形**という。

1つの角が直角である三角形が直角三角形，直角に対する辺が斜辺だよ。

基 本 問 題 ･･････････････････････････････････････ 解答 **p.28**

1 直角三角形の合同条件　次の図で，⑦，⑦と合同な直角三角形を記号 ≡ を使って表しなさい。また，そのときに使った直角三角形の合同条件をいいなさい。 教 p.143 Q2

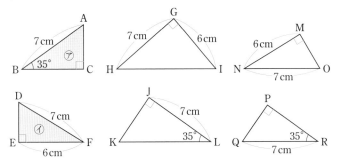

直角三角形の合同条件にあてはめて考えるよ。

2 直角三角形の合同条件　右の図で，∠A＝∠D＝90°，BC＝EF のとき，どんな条件をつけ加えれば，△ABC と △DEF は合同になりますか。加える条件が辺の場合と角の場合について，それぞれ2通りずつ記号を使って答えなさい。 教 p.143

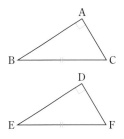

3 鋭角三角形，直角三角形，鈍角三角形　三角形で，2つの内角が(1)〜(3)のような大きさのとき，その三角形は，鋭角三角形，直角三角形，鈍角三角形のどれになりますか。 教 p.143

(1) 50°，60°　　(2) 20°，40°　　(3) 34°，56°

覚えておこう

鋭角…90°(直角)より小さい角

鈍角…90°より大きく180°より小さい角

鋭角三角形…3つの角がすべて鋭角である三角形

鈍角三角形…1つの角が鈍角である三角形

4 直角三角形の合同条件を使った証明　∠XOY の二等分線上に点P をとり，Pより2辺 OX，OY に垂線をひき，その交点を A，B とするとき，OA＝OB であることを証明します。 教 p.145 Q3

(1) 仮定と結論を ＝ を使った形で表しなさい。

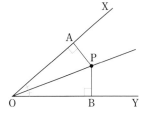

(2) この証明をするには，どの三角形とどの三角形の合同をいえばよいですか。また，そのときに使う合同条件をいいなさい。

(3) 証明しなさい。

5章

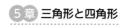

解答▶p.28

定着のワーク ステージ2　1節　三角形

1 次の(1)〜(3)の図で，二等辺三角形を見つけていいなさい。ただし，同じ印をつけた角は等しいとします。

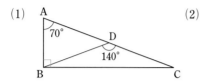 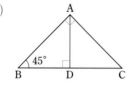 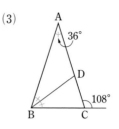

2 次のそれぞれの図で，同じ印をつけた辺や角は等しいとして，∠x の大きさを求めなさい。

(1) 　(2) 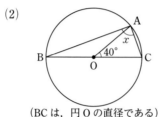　(3) AB＝AC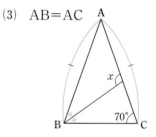

（BC は，円 O の直径である）

3 次の(1)〜(3)の逆をいいなさい。また，逆は成り立ちますか。

(1) $x=3$ ならば $x+2=5$

(2) △ABC が正三角形ならば，∠A＝60° である。

(3) △ABC が鋭角三角形ならば，∠B は鋭角である。

4 右の図のような，AB＝AC の二等辺三角形で，点 B，C から AC，AB にそれぞれ垂線 BD，CE をひき，BD と CE の交点を F とします。

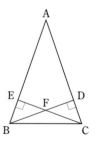

(1) BE＝CD であることを証明するには，どの三角形とどの三角形の合同をいえばよいですか。

(2) BE＝CD であることを証明しなさい。

(3) △FBC が二等辺三角形であることを証明しなさい。

1 (3) ∠ACB，∠ABC，∠BDC の大きさをそれぞれ求め，2 つの角が等しくなっている三角形をさがす。

4 (3) (2)で証明した三角形の合同を利用する。

5 右の図で，M は辺 BC の中点，∠BDM＝∠CEM＝90°，MD＝ME です。

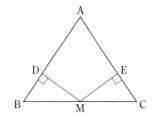

(1) BD＝CE を証明しなさい。

(2) △ABC が二等辺三角形であることを証明しなさい。

6 右の図において，△ABC，△CDE をそれぞれ正三角形とするとき，AD＝BE であることを証明しなさい。

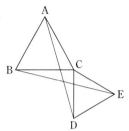

7 二等辺三角形 ABC の底角 ∠B，∠C の二等分線をそれぞれひき，その交点を D とします。△DBC が二等辺三角形となることを証明しなさい。

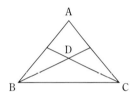

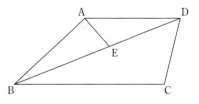

5 章

入試問題を やってみよう！ ━━━━━━━━━━━━━━━━━━━━━━━

1 右の図のように，AB＝AD，AD∥BC，∠ABC が鋭角である台形 ABCD があります。対角線 BD 上に点 E を ∠BAE＝90° となるようにとります。　〔北海道〕

(1) ∠ADB＝20°，∠BCD＝100° のとき，∠BDC の大きさを求めなさい。

(2) 頂点 A から辺 BC に垂線をひき，対角線 BD，辺 BC との交点をそれぞれ F，G とします。このとき，△ABF≡△ADE を証明しなさい。

---

5 (1) △DBM と △ECM の合同を証明する。　(2) (1)で証明した三角形の合同を利用する。

6 ∠ACB＝∠DCE＝60° であることを利用し，△ACD と △BCE の合同を証明する。

1 (2) AD∥BC から，∠BAF＝∠DAE を導く。

確認 のワーク　ステージ 1　2節　四角形
① 平行四辺形の性質

例1 平行四辺形の性質 ─────── 教 p.149 → 基本問題 ①

平行四辺形の2組の対辺はそれぞれ等しいことを証明しなさい。

考え方 対角線 BD をひき，△ABD と △CDB の合同を示す。

証明 対角線 BD をひく。

　△ABD と △CDB で，平行線の錯角だから，

　∠ABD＝∠[①＿＿＿]　……①　← AB∥DC

　∠ADB＝∠[②＿＿＿]　……②　← AD∥BC

　共通の辺だから，BD＝DB ……③

　①，②，③から，[③＿＿＿＿＿＿＿＿＿＿＿]が

　それぞれ等しいので，

　△ABD≡△CDB

　対応する辺だから，AB＝CD，AD＝CB

　したがって，平行四辺形の2組の対辺はそれぞれ等しい。

範囲

対辺と対角

四角形の向かい合う辺を対辺，向かい合う角を対角という。

平行四辺形の定義

2組の対辺がそれぞれ平行な四角形を平行四辺形という。

例2 平行四辺形の性質を使った証明 ─── 教 p.150 → 基本問題 ②

　右の図の ▱ABCD で，2本の対角線の交点Oを通る直線 ℓ をひき，辺 AD, BC との交点をそれぞれ E, F とする。OE＝OF であることを証明しなさい。

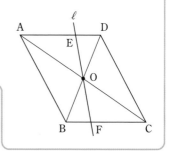

考え方 辺 OE，辺 OF をそれぞれふくむ三角形の合同から考える。

証明 △AOE と △COF で，

平行四辺形の2つの対角線はそれぞれの中点で交わるから，

　　AO＝[④＿＿＿]　……①

平行線の錯角は等しいから，

　　∠EAO＝∠[⑤＿＿＿]　……②

対頂角は等しいから，

　　∠AOE＝∠[⑥＿＿＿]　……③

①，②，③から，[⑦＿＿＿＿＿＿＿＿＿＿＿]

がそれぞれ等しいので，△AOE≡△COF

対応する辺だから，OE＝OF

平行四辺形 ABCD を記号を使って ▱ABCD と表すことがあるよ。

基本問題 ┄┄┄┄┄┄┄┄┄┄┄┄┄┄┄┄┄┄┄┄┄┄┄┄ 解答 p.30

1 平行四辺形の性質　右の図の □ABCD について，次の(1)～(4)に答えなさい。

教 p.150 Q 3

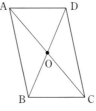

(1)　AD＝5 cm のとき，BC の長さを求めなさい。また，そのときに使った平行四辺形の性質をいいなさい。

(2)　AC＝14 cm のとき，CO の長さを求めなさい。また，そのときに使った平行四辺形の性質をいいなさい。

(3)　∠BCD＝58° のとき，∠BAD の大きさを求めなさい。また，そのときに使った平行四辺形の性質をいいなさい。

(4)　∠ADC＝120° のとき，∠DCB の大きさを求めなさい。

→たいせつ

平行四辺形の性質（定理）
① 2組の対辺はそれぞれ等しい。

② 2組の対角はそれぞれ等しい。

③ 2つの対角線はそれぞれの中点で交わる。

上の①，②，③の3つの定理は，逆も成り立つ。

2 平行四辺形の性質を使った証明　右の図のように，□ABCD の対角線上に，∠BAE＝∠DCF となるように，2点 E，F をとると，BE＝DF となります。このことを次のように証明しました。□をうめなさい。

教 p.151 Q 4, Q 5

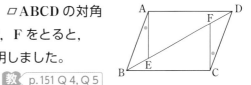

証明　△ABE と △[1]□ において，

　仮定から，∠BAE＝∠DCF　　……①

　平行四辺形の [2]□ はそれぞれ等しいから，

　　　　AB＝[3]□　　　　　……②

　AB∥DC より，平行線の [4]□ は等しいので，

　　　　∠ABE＝∠[5]□　　……③

①，②，③から，[6]□ がそれぞれ等しいので，

　　　　△ABE≡△[7]□

対応する辺だから，BE＝DF

ここが ポイント

図形の平行四辺形をふくむ証明問題では，平行四辺形の性質を見落とさないように注意！

・対辺が平行。
・対辺が等しい。　┌意外と見落としやすい！┘
・対角が等しい。
・対角線がそれぞれの中点で交わる。

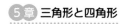

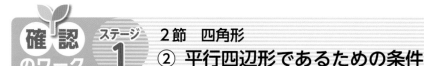

確認のワーク　ステージ 1

2節　四角形
② 平行四辺形であるための条件

例 1 平行四辺形であるための条件 — 教 p.154 → 基本問題 ①

次の四角形 ABCD は，平行四辺形であるといえますか。

(1)　∠A＝100°，∠B＝80°，∠D＝80°

(2)　AD∥BC，AD＝3 cm，BC＝3 cm

(3)　AD∥BC，AB＝4 cm，DC＝4 cm

考え方 平行四辺形であるための条件にあてはまるかどうか調べる。

解き方 (1)　∠C＝360°−(100°＋80°＋80°)＝[①　　　]°

したがって，[②　　　　　　　　　]がそれぞれ等しいので，
∠A＝∠C＝100°，∠B＝∠D＝80° で対角が等しい。

平行四辺形である。

(2)　AD∥BC，AD＝BC より，[③　　　　　　]が平行

で等しいので，平行四辺形である。

(3)　下の図のような場合もあるので，平行四辺形ではない。

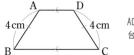

AD と BC が等しくないと
台形になる。

ミス注意

① 「2組の角が等しい」だけでは，平行四辺形とはいえない。
例

② 「2組の辺が等しい」だけでは，平行四辺形とはいえない。
「対角」「対辺」が等しくなければならない。
例　2 cm　3 cm
　　2 cm　3 cm

例 2 平行四辺形であるための条件を使った証明 — 教 p.155 → 基本問題 ② ③

▱ABCD の対辺 AB，CD の中点を M，N とするとき，四角形 AMCN は平行四辺形です。このことを証明しなさい。

考え方 平行四辺形であるための条件のどれにあてはまるか考える。

証明 四角形 ABCD は平行四辺形だから，

AM∥[④　　　]　……①

平行四辺形の対辺だから，AB＝DC　……②

仮定から，AM＝$\frac{1}{2}$AB　……③

NC＝$\frac{1}{2}$DC　……④

M，N が対辺の中点であることを式に表す。

②，③，④から，AM＝[⑤　　　]　……⑤

①，⑤から，[⑥　　　　　　　　　]ので，

四角形 AMCN は平行四辺形である。

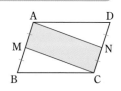
長さの等しい対辺を2等分するから，AM と NC も等しくなるね。

基本問題 ·· 解答 ▶ p.31

① **平行四辺形であるための条件** 四角形
ABCD で，対角線の交点を O とします。
次の条件のうち，四角形 ABCD が平
行四辺形になるものを 5 つ選び，記号
で答えなさい。 教 p.154 Q 4

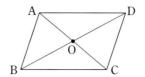

⑦ AB∥DC，AD∥BC 　　 ④ AB∥DC，AB=DC

⑦ AB=BC，AD=DC 　　 ④ AB=DC，AD=BC

④ OA=OB，OC=OD 　　 ⑦ OA=OC，OB=OD

④ ∠A=∠B，∠C=∠D 　　 ⑦ ∠A=∠C，∠B=∠D

> **たいせつ**
>
> 平行四辺形であるための
> 条件（定理）
> 四角形は，次のどれかが
> 成り立つとき平行四辺形
> である。
> ①（定義）2 組の対辺が
> 　それぞれ平行である。
> ②2 組の対辺がそれぞれ
> 　等しい。
> ③2 組の対角がそれぞれ
> 　等しい。
> ④2 つの対角線がそれぞ
> 　れの中点で交わる。
> ⑤1 組の対辺が平行で等
> 　しい。

② **平行四辺形であるための条件を使った証明** □ABCD をもとにして，次の⑴，⑵のようにして
つくった四角形はすべて平行四辺形になります。このことを証明するときに使う「平行四辺
形であるための条件」をそれぞれ答えなさい。 教 p.155

⑴ 四角形 EBCF が平行四辺形とすると，四角形 AEFD は平
行四辺形である。

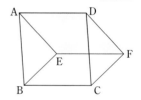

⑵ AE=CG，BF=DH とすると，四角形 EFGH は平行四辺
形である。

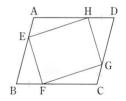

③ **平行四辺形であるための条件を使った証明**
□ABCD において，∠A，∠C の二
等分線が辺 BC，DA とそれぞれ E，F
で交わっています。このとき，四角形
AECF は平行四辺形であることを証
明しなさい。 教 p.155

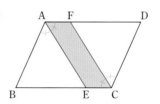

> **ここがポイント**
>
> もとになる □ABCD の
> 定義，性質を使って考え
> るとよい。

左ページの例の答え ①100 ②2 組の対角 ③1 組の対辺 ④NC ⑤NC ⑥1 組の対辺が平行で等しい

5章

確認のワーク　ステージ1　2節　四角形
③ 特別な平行四辺形

例1 いろいろな四角形　教 p.156 →基本問題①②

次のことがあてはまる四角形を⑦〜㋘からすべて選びなさい。

(1) 4つの辺が等しい。　　(2) 4つの角が等しい。

(3) 2組の対角がそれぞれ等しい。

⑦ 平行四辺形　　㋑ ひし形　　㋒ 長方形　　㋓ 正方形

【考え方】 それぞれの図形の定義や性質から考える。

【解き方】 (1) ひし形，正方形の定義より，①□

(2) 長方形，正方形の定義より，②□

(3) 「2組の対角がそれぞれ等しい」というのは，
平行四辺形，ひし形，長方形，正方形のすべてがもつ性質。

平行四辺形の性質である。

ひし形，長方形，正方形は平行四辺形の特別なもの

であるから，③□

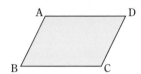

> **たいせつ**
> ひし形，長方形，正方形の定義
> ひし形…4つの辺が等しい四角形。
> 長方形…4つの角が等しい四角形。
> 正方形…4つの辺が等しく，4つの角が等しい四角形。

例2 ひし形，長方形，正方形であるための条件　教 p.158 →基本問題③

▱ABCD に，次の条件が加わると，どんな四角形になりますか。

(1) AB＝AD　　(2) ∠A＝90°

(3) AB＝AD，∠A＝90°

【考え方】 平行四辺形の対辺，対角は等しい。これに(1)〜(3)の条件が加わったときどんな四角形になるか考える。

【解き方】 (1) 平行四辺形の対辺は等しいから，AB＝DC，AD＝BC

ここで，AB＝AD ならば，AB＝BC＝CD＝DA となる。
4つの辺が等しい。

つまり，▱ABCD は④□ となる。

(2) 平行四辺形の対角は等しいから，∠A＝∠C，∠B＝∠D

ここで，∠A＝90° ならば，

∠A＝∠B＝∠C＝∠D＝90° となる。
4つの角が等しい。

つまり，▱ABCD は⑤□ となる。

(3) (1)，(2)の両方の性質をもっているので，▱ABCD は

⑥□ となる。　← 正方形は，ひし形と長方形の性質をもつ。

> 平行四辺形の1つの角が90°になると，長方形か正方形になるんだね。

本(問)題 ········· 解答 p.31

1 特別な平行四辺形　□ABCD について，次の条件が加わると，どんな四角形になりますか。 教 p.157 活動❸, Q5

(1)　∠B＝∠C　　　　　(2)　BC＝CD

(3)　∠A＝∠D，AB＝BC

4つの辺や4つの角が等しくなるかな？

2 特別な平行四辺形　次の(1)〜(3)に答えなさい。 教 p.158

(1)　「正方形は平行四辺形」といえることを，証明しなさい。

(2)　長方形の定義は，「4つの角が等しい四角形」である。右の長方形 ABCD で，AD＝BC が成り立つわけを，平行四辺形の性質を使って説明しなさい。

(3)　ひし形の定義は「4つの辺が等しい四角形」である。右のひし形 ABCD で，∠A＝∠C が成り立つわけを，平行四辺形の性質を使って説明しなさい。

たいせつ

ひし形，長方形，正方形は，すべて平行四辺形の特別な場合であり，これらの四角形は，平行四辺形の性質をすべてもっている。

正方形は，ひし形でもあり，長方形でもある。したがって，正方形は長方形とひし形の両方の性質をもつ。

5章

3 ひし形，長方形，正方形であるための条件　次の図は，平行四辺形とひし形，長方形，正方形との関係をまとめたものです。□にあてはまることばを書きなさい。 教 p.158

① 1組の[ア　　]を等しくする。

② 1つの角を[イ　　]にする。

③ 対角線が[ウ　　]に交わるようにする。

④ 対角線の長さを[エ　　]する。

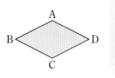

覚えておこう

四角形の対角線の性質
ひし形…垂直に交わる。

長方形…長さが等しい。

正方形…長さが等しく，垂直に交わる。

左ページの 例 の答え ①イ，エ ②ウ，エ ③ア，イ，ウ，エ ④ひし形 ⑤長方形 ⑥正方形

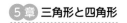

確認のワーク ステージ **1** 2節 四角形
④ 平行線と面積

例1 底辺が共通な三角形 ──── 教 p.159 →基本問題 ❶

　右の図で，PQ∥AB であるとき，△PAB＝△QAB であることを証明しなさい。

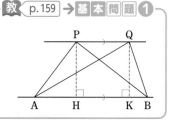

考え方 平行線と共通な底辺に着目する。

証明 点 P，Q から直線 AB に垂線 PH，QK をひく。

　PQ∥AB なので，PH＝QK
　　　　　　　　　平行線間の距離は一定。

　△PAB と △QAB で，底辺 AB は共通で，

　高さが等しいから， $\boxed{①\qquad}$ は等しい。

　したがって，△PAB＝△QAB
　　　　↑　　　↑──底辺と高さが等しい三角形。

> **たいせつ**
> 平行線と面積
> 下の図で，ℓ∥m とするとき，
> 　　$△ABC＝△A'BC$
> 　　　↑──面積が等しいことを表す
>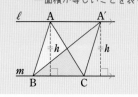

例2 面積の等しい図形をつくる ──── 教 p.160 →基本問題 ❷

　右の図で，四角形 ABCD と面積が等しい △ABE をかきなさい。

考え方  四角形を2つの三角形に分けて，一方の三角形と面積が等しい三角形をつくる。

解き方 頂点Dを通り，対角線 AC に平行な直線をひき，辺 BC の延長との交点をEとする。

DE∥AC だから，

　△ACD＝△$\boxed{②\qquad}$ ……①
　　↑　　　↑──底辺 AC が共通で，高さが等しい三角形。

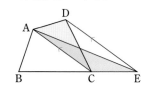

ここで，

　四角形 ABCD＝△ABC＋△ACD ……②

①，②より，

　四角形 ABCD＝△ABC＋△$\boxed{③\qquad}$

　　　　　　＝△ABE

したがって，四角形 ABCD と面積が等しい
△ABE ができたことになる。

> 共通な底辺と平行線をつくればいいね。

基本問題 ·· 解答 p.32

① 平行線と面積　右の図で，▱ABCD の辺 BC の中点を E とし，
AC と DE の交点を F とするとき，次の(1)〜(5)に答えなさい。

教 p.159

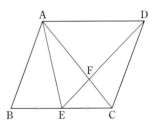

(1)　△ABE と面積の等しい三角形を 2 ついいなさい。

(2)　△ABC と面積の等しい三角形を 2 ついいなさい。

(3)　△AEF と面積の等しい三角形をいいなさい。また，次の
　　□をうめて，その根拠を完成させなさい。

$$\triangle AEF = \triangle AEC - \triangle \boxed{}^{①}$$

$$\triangle \boxed{}^{②} = \triangle DEC - \triangle FEC$$

　　AD∥BC だから，△AEC＝△DEC

　　したがって，△AEF＝△$\boxed{}^{③}$

(4)　△AEC と△ACD の面積の比を求めなさい。

(5)　△AEC と▱ABCD の面積の比を求めなさい。

覚えておこう

三角形の面積の比

底辺，高さの比から，2 つ
の三角形の面積の比を求め
ることができる。

例 下の図で，AD∥BC，
　BC＝3AD のとき，
　△ABC と △ACD で，
　底辺の比は，
　BC：AD＝3：1
　高さの比は 1：1 なので，
　面積の比は，
　△ABC：△ACD＝3：1

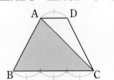

5章

② 面積の等しい図形をつくる

△ABC がある。辺 BC 上の
点 P を通り，△ABC の面積
を 2 等分する直線 PQ をひ
きなさい。
ただし，BC の中点を M とし
ます。　教 p.160 Q 3

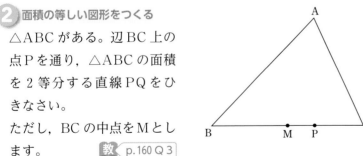

知ってると得

ある図形を，面積は変えな
いで，形だけを変えること
を等積変形という。

③ 面積の等しい三角形　右の図で，四角形 ABCD は平行四辺形で，
FE∥AC です。このとき，図の中で，△BCE と面積の等しい三
角形をすべて答えなさい。　教 p.160

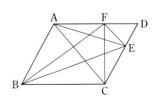

確認のワーク　ステージ**1**　3節　三角形や四角形の性質の利用
① 動き方のしくみを調べよう

例1 平行四辺形の性質の利用 ──────教 p.162〜163 →基本問題①

　右の図のような地面に水平に設置されたブランコがあります。このブランコをゆらしたとき、台はいつでも地面と平行であることを証明しなさい。

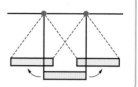

考え方 右の図のような地面と台の関係の図をかいて、平行四辺形の性質を利用して考える。

解き方 ブランコは地面に水平に設置されているので、右の図の四角形 ABCD で、

$$AD \parallel MN \qquad \cdots\cdots①$$

また、右の図①で、$AB = \boxed{①\quad}$ ……②

$$AD = \boxed{②\quad} \qquad \cdots\cdots③$$

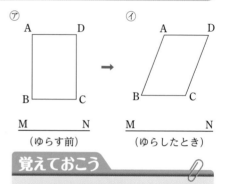

⑦（ゆらす前）　　①（ゆらしたとき）

②、③から、$\boxed{③\qquad\qquad}$

ので、四角形 ABCD は平行四辺形である。
したがって、$AD \parallel BC$　……④
①、④より $MN \parallel BC$ となり、台はいつでも地面に平行である。

覚えておこう

平行四辺形の性質の利用…平行四辺形であるための条件を使うと、身のまわりのもので、平行に保たれているもののしくみを説明することができる。

例2 平行四辺形の性質を利用しているもの ─────教 p.163 →基本問題③

　右の図は、ふたを横にひくと開く直方体の箱を横から見たものです。この図の箱と箱のふたをつなぐ2本の棒の長さは等しく、平行です。この箱のふたを開いていくとき、ふたはいつでも箱の底と平行であることを証明しなさい。

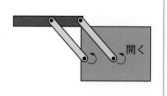

考え方 平行四辺形の性質を利用して考える。

解き方 右の図のように、棒の金具をつないでできる四角形を四角形ABCDとすると、棒の長さと金具の間の長さは等しいので、

$$AB = \boxed{④\quad} \qquad \cdots\cdots①$$

$$AD = \boxed{⑤\quad} \qquad \cdots\cdots②$$

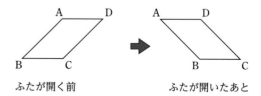

ふたが開く前　　ふたが開いたあと

①、②から、$\boxed{⑥\qquad\qquad}$ ので、四角形 ABCD は平行四辺形である。したがって、いつでも $AD \parallel BC$ となり、箱のふたと底もいつでも平行となる。

基本問題 解答 p.33

1 三角形と四角形の性質の利用　右の図のように，長方形 ABCD の紙を頂点Cが頂点Aと重なるように折ります。折り目を EF とし，頂点Bが移った先をGとします。 教 p.162〜163

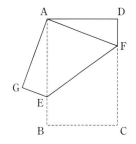

(1)　△AEF は二等辺三角形であることを証明しなさい。

ここがポイント

(1)　∠AEF＝∠AFE を証明する。

(2)　DF と GE をそれぞれ辺にもつ2つの直角三角形△ADF と△AGE の合同を証明する。(1)の結果と長方形の性質から，直角三角形の合同条件が利用できる。

(2)　DF＝GE であることを証明しなさい。

2 平行四辺形の性質の利用　右の図は，▱ABCD の紙を，対角線 BD を折り目として，折り返したものです。点Eは点Cが移った先であり，AD と BE の交点をFとします。このとき，△ABF≡△EDF であることを証明しなさい。 教 p.162〜163

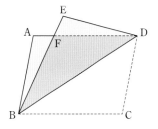

3 平行四辺形の性質の利用　図1のようなテーブルがあります。図2はこのテーブルを横から見たところを表したものです。

図2で，AC と BD の辺がそれぞれ真ん中で交わっています。このとき，天板が地面と平行である理由を証明しなさい。 教 p.162〜163

図1

天板

図2

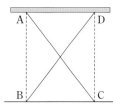

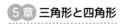

定着のワーク　ステージ2

2節　四角形
3節　三角形や四角形の性質の利用

1 次の図の □ABCD で，x，y の値をそれぞれ求めなさい。

(1)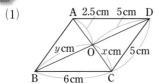

(2)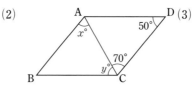

(3)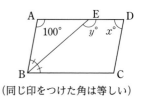

（同じ印をつけた角は等しい）

2 □ABCD の対角線 AC と BD の交点を O とし，O を通る直線と辺 AD，BC との交点をそれぞれ P，Q とします。

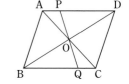

(1) ∠ODP と大きさが等しい角をいいなさい。

(2) BQ＝DP であることを証明しなさい。

3 □ABCD の対角線の交点を O とし，対角線 BD 上に BE＝DF となるように 2 点 E，F をとるとき，次の(1)〜(4)に答えなさい。

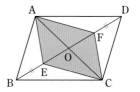

(1) △ABE≡△CDF を証明するために使う合同条件をいいなさい。

(2) △ABE≡△CDF であることを証明しなさい。

(3) 四角形 AECF はどんな四角形ですか。

(4) 四角形 AECF が(3)の四角形になることを証明しなさい。

4 △ABC の辺 AB，AC 上の点をそれぞれ D，E とするとき，DE∥BC ならば，△ABE＝△ACD であることを証明しなさい。

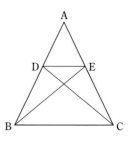

2 (2) △OBQ≡△ODP を示すことができれば，BQ＝DP であるといえる。
4 △ABE＝△ADE＋△DBE，△ACD＝△ADE＋△DCE なので，△DBE と△DCE の面積を比べる。

5 右の図で，△ABC の∠A の二等分線が辺 BC と交わる点を D とし，D から AC，AB に平行な直線をひき，辺 AB，AC との交点を E，F とします。このとき，四角形 AEDF はひし形になることを証明しなさい。

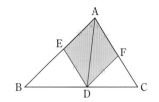

6 四角形 ABCD において，AD∥BC のとき，次のどの条件をつけ加えれば，四角形 ABCD は平行四辺形になりますか。適するものを 2 つ選び，記号で答えなさい。

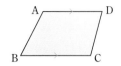

⑦　AB＝AD　　④　AB＝DC　　⑨　AD＝BC　　㊀　AC＝DB

㋔　∠A＝∠B　　㋕　∠A＝∠C　　㋖　∠A＝∠D　　㋗　∠A＋∠C＝180°

7 右の図のように，**AB＝AC** である△**ABC** の各辺を 1 辺とする正三角形をつくり，正三角形の各頂点と点 **A** を結んで四角形 **AFED** をつくります。

(1)　△ABC≡△DBE であることを証明しなさい。

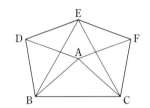

(2)　同様にして，△ABC≡△FEC であることが証明できます。このことと(1)から，四角形 AFED はどのような四角形になりますか。また，その四角形であるというための条件も書きなさい。

(3)　四角形 AFED が正方形になるようにするには，∠BAC を何度にすればよいですか。

入試問題を やってみよう！

1 右の図のような平行四辺形 ABCD があります。
このとき，∠x の大きさを求めなさい。　〔佐賀〕

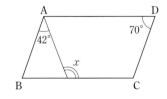

5 ひし形になることを証明するには，4 つの辺が等しいことを証明すればよい。

7 (3)　ひし形の 1 つの角を直角にすると，正方形になる。

1 平行四辺形の対角が等しいことを利用する。

実力判定テスト　ステージ 3　三角形と四角形

40分　/100

1 次の図で，同じ印をつけた辺や角は等しいとして，∠x の大きさを求めなさい。ただし(3)は，正方形 ABCD の折り紙を，点Aが線分 MN 上にくるように折り返したものであるとします。

5点×3（15点）

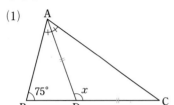

(1)

(2)

(四角形 ABCD は平行四辺形)

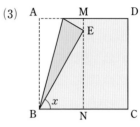

(3)

(M，N はそれぞれ AD，BC の中点)

(　　　　　)　　　(　　　　　)　　　(　　　　　)

2 次の図形の名称を答えなさい。

3点×4（12点）

(1)　1 つの角が 60° の二等辺三角形　　　　(2)　底角が 45° の二等辺三角形

(　　　　　)　　　　　　　　　(　　　　　)

(3)　となり合う 2 辺が等しい平行四辺形　　(4)　1 つの角が 90° の平行四辺形

(　　　　　)　　　　　　　　　(　　　　　)

3 次の(1)，(2)の逆をいいなさい。また，逆は成り立ちますか。

3点×4（12点）

(1)　△ABC で，AB＝AC ならば，∠B＝∠C である。

(逆：　　　　　　　　　　　　　　　　　)(　　　　)

(2)　ある数が 6 の倍数ならば，その数は 2 の倍数である。

(逆：　　　　　　　　　　　　　　　　　)(　　　　)

4 次のような □ABCD で，同じ印をつけた角が等しいとき，△ABE はどんな三角形ですか。

3点×2（6点）

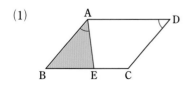

(1)

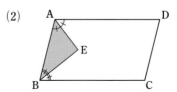

(2)

(　　　　　)　　　　　　　　　(　　　　　)

目標	二等辺三角形，平行四辺形などの性質は確実に理解しておこう。証明は根拠をきちん<ruby>と<rt>こんきょ</rt></ruby>書くようにしよう。	自分の得点まで色をぬろう！

自分の得点まで色をぬろう！
😰がんばろう　😃もう一歩　😊合格！
0　　　　　60　　80　100点

5 右の図は，二等辺三角形 ABC の底辺 BC 上に，BD＝CE となるように点 D，E をとったものです。　5点×2（10点）

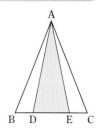

(1) △ABD≡△ACE を証明するために使う合同条件をいいなさい。

(　　　　　　　　　)

(2) △ADE が二等辺三角形になることを証明するには，△ABD≡△ACE から何を示せばよいですか。

(　　　　　　　　　)

6 直角二等辺三角形 ABC の頂点Aを通る直線 ℓ に，点 B，C から垂線 BD，CE をひきます。　5点×3（15点）

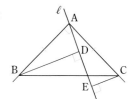

(1) ∠CAE＝36° のとき，∠ABD の大きさを求めなさい。

(　　　　　　　　　)

(2) △ABD≡△CAE であることを証明するときに使う合同条件をいいなさい。

(　　　　　　　　　)

(3) BD＝4 cm，CE＝2 cm のとき，DE の長さを求めなさい。

(　　　　　　　　　)

7 ▱ABCD において，辺 AD，BC 上に，AE＝CF となるような点 E，F をとると，四角形 EBFD は平行四辺形になることを証明しなさい。　（15点）

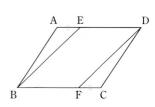

8 右の図は，▱ABCD の2つの対角線 AC と BD の交点を O，AD と BC の中点をそれぞれ E，F としたものです。
(1)5点　(2) 10点（15点）

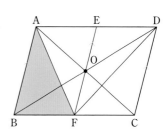

(1) △ABF と ▱ABCD の面積の比を求めなさい。

(　　　　　　　　　)

(2) △ABF と面積の等しい三角形をすべて記号で答えなさい。

5章

アプリ【どこでもワーク計算編・図形編】をやって，さらに力をつけよう！

確認のワーク　ステージ1　1節　箱ひげ図　　① 四分位数と四分位範囲　② 箱ひげ図
　　　　　　　　　　　　　2節　箱ひげ図の利用　① バレーボール選手の身長を比べよう

例1 四分位範囲
教 p.170〜171 → 基本問題❶

クラスの生徒10人のテストの得点を，低い順に並べると，次のようになりました。

①	②	③	④	⑤	⑥	⑦	⑧	⑨	⑩
54	65	70	74	77	85	88	91	95	100

(点)

(1)　このデータの四分位数を求めなさい。

(2)　このデータの四分位範囲を求めなさい。

【考え方】(1)　第2四分位数は中央値である。

最小値をふくむ1〜5番目のデータの中央値が
第1四分位数，最大値をふくむ6〜10番目のデータの中央値が第3四分位数である。

(2)　第3四分位数から第1四分位数をひいた値を
四分位範囲という。

> **四分位数**
> データを小さい順に並べて4等分したとき，4等分した位置にある値を四分位数といい，小さいほうから順に，第1四分位数，第2四分位数（中央値），第3四分位数という。

【解き方】(1)　第2四分位数はデータの中央値だから，

　①[　　]点 ← $\frac{77+85}{2}$　第1四分位数は，②[　　]点　第3四分位数は，③[　　]点

(2)　④[　　] － ⑤[　　] = ⑥[　　]（点）

例2 箱ひげ図
教 p.172〜173 → 基本問題❷❸

右の図は，ある中学校の2年生100人の数学と国語のテストの得点の分布のようすを箱ひげ図に表したものです。

(1)　四分位範囲が小さいのは，どちらの教科ですか。

(2)　74点以下の生徒が50人以上いるのは，どちらの教科ですか。

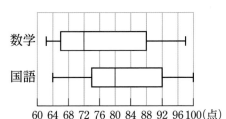

【考え方】(1)　箱ひげ図の箱の長さが短い教科を調べる。

(2)　中央値で比べる。

【解き方】(1)　箱ひげ図の箱の長さを比べると，国語のほうが短いので，四分位範囲が小さい教科は
⑦[　　]である。

> **箱ひげ図**
> データの最小値，第1四分位数，第2四分位数（中央値），第3四分位数，最大値を箱と線（ひげ）で表した図。
>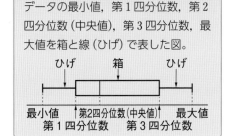

(2)　各教科のデータの中央値は，数学が⑧[　　]点，国語が⑨[　　]点である。得点が中央値以下の生徒は半数の50人以上いるから，⑩[　　]があてはまる。

基本問題 解答 p.37

1 四分位範囲　次の表は，A組とB組の一部の生徒が1年間に図書館で借りた本の冊数のデータです。 教 p.170〜171

番号	①	②	③	④	⑤	⑥	⑦	⑧	⑨	⑩
A組	9	12	19	30	36	42	50	56	60	65

番号	①	②	③	④	⑤	⑥	⑦	⑧	⑨
B組	10	22	29	31	35	40	48	52	70	(冊)

(1)　A組，B組の四分位数をそれぞれ求めなさい。

(2)　A組，B組の四分位範囲をそれぞれ求めなさい。

2 箱ひげ図　次の表は，2つの市で，1年ごとの最低気温が25℃以上あった日数のデータです。 教 p.173 活動❷

番号	①	②	③	④	⑤	⑥	⑦
A市	16	24	30	30	34	42	48

番号	①	②	③	④	⑤	⑥	⑦
B市	28	34	40	44	48	48	52	(日)

(1)　A市，B市の四分位数をそれぞれ求めなさい。

(2)　右の図に，A市とB市のデータの箱ひげ図をかきなさい。

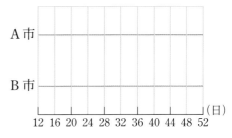

3 データの比較　右の図は，ある売店での6月〜9月における，スポーツドリンクA，Bの1日あたりの販売数をそれぞれ表した箱ひげ図です。 教 p.176〜177

(1)　スポーツドリンクAがいちばん多く売れた日は，どの月にふくまれますか。

(2)　あなたがこの売店の店長だとしたら，8月にどちらの商品を多く仕入れますか。また，その理由を説明しなさい。

箱ひげ図でそれぞれの四分位数の位置を見てみよう。

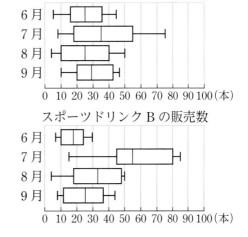
スポーツドリンクAの販売数

スポーツドリンクBの販売数

解答　p.38

定着のワーク　ステージ2　1節　箱ひげ図　　2節　箱ひげ図の利用

1 右の表は，1組の10人のハンドボール投げのデータです。

番号	記録
①	16.5
②	17.0
③	18.1
④	18.3
⑤	18.3
⑥	18.5
⑦	19.3
⑧	19.8
⑨	20.0
⑩	21.1

(m)

(1) 箱ひげ図をかきなさい。

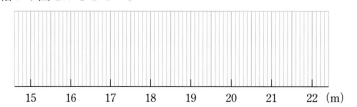

(2) データを右のヒストグラムに表しなさい。

(3) このデータの四分位範囲を求めなさい。

2 右の表は，1組と2組の10人の国語のテストの得点のデータです。

番号	1組	2組
①	79	76
②	80	83
③	80	86
④	81	87
⑤	82	88
⑥	84	90
⑦	86	91
⑧	86	91
⑨	89	93
⑩	94	97

(点)

(1) 1組と2組の箱ひげ図をかきなさい。

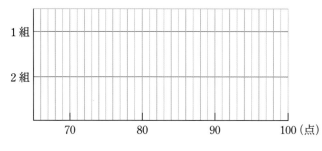

(2) 四分位範囲が大きいのは，1組と2組のどちらですか。

1 中央値を求め，四分位数をまず求める。
2 表から四分位数を求めて箱ひげ図をかく。四分位範囲を比較する。

実力判定テスト　ステージ3　データの比較と箱ひげ図

20分　/100

1 次の表は，12人の生徒が1日に解いた計算問題の数のデータです。　14点×5（70点）

番号	①	②	③	④	⑤	⑥	⑦	⑧	⑨	⑩	⑪	⑫
問題数	7	7	8	8	10	12	14	14	14	16	16	17

(問)

(1) 四分位数を求めなさい。

第1四分位数（　　　　　）　　　第2四分位数（　　　　　）

第3四分位数（　　　　　）

(2) 四分位範囲を求めなさい。

（　　　　　）

(3) 箱ひげ図をかきなさい。

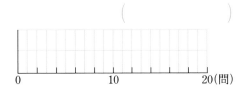

2 次の図は，1組と2組のそれぞれ10人が，10点満点の漢字テストを受けたときの得点のデータのようすを箱ひげ図に表したものです。このとき，箱ひげ図から読み取れることとして正しいものは次の⑦〜㊁のどれですか。　（15点）

（　　　　　）

⑦　四分位範囲は，1組のほうが大きい。

⑦　1組では，全体の50％以上の生徒が5点以上である。

⑦　データの範囲はどちらの組も9点である。

㊁　どちらの組にも，得点が9点だった生徒がいる。

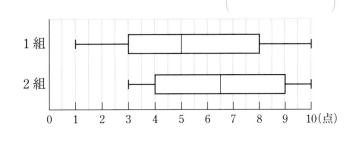

6章

3 次の箱ひげ図は，⑦〜⑦のヒストグラムのいずれかに対応しています。そのヒストグラムを記号で答えなさい。　（15点）

（　　　　　）

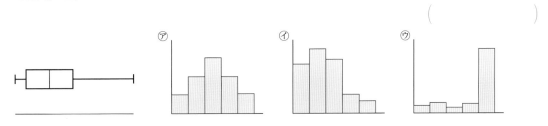

確認のワーク ステージ1

1節　確率
① 確率とその求め方

例1 同様に確からしいこと
教 p.184 → 基本問題 ① ②

びんの王冠を1個投げるとき,「表が出る」ことと「裏が出る」ことは,同様に確からしいといえますか。

考え方 表が出ることと裏が出ることが同じ程度に期待できるかどうか考える。

解き方 びんの王冠は,表と裏では形がちがうので,「表が出る」ことと「裏が出る」ことは,同じ程度には期待できない。したがって,びんの王冠を1個投げるとき,「表が出る」ことと「裏が出る」ことは,同様に確からしいと ① [　　　　]。

> **たいせつ**
> 確率…ある実験や観察で,起こり得る場合がいく通りもあるとき,そのうちのあることがらの起こりやすさの程度を表す数を,そのことがらの起こる確率という。
> 同様に確からしい…どのことがらが起こることも同じ程度に期待できるとき,同様に確からしいという。

例2 カードを引くときの確率
教 p.186 → 基本問題 ②

1から10までの数字を1つずつ書いた10枚のカードがあります。このカードをよくきってから1枚引くとき,次の確率を求めなさい。
(1) カードに書かれた数字が3である確率
(2) カードに書かれた数字が2の倍数である確率

考え方 起こり得る場合が全部で何通りあるか,そのどれが起こることも同様に確からしいか考える。

解き方 10枚のカードから1枚を引くから,カードの引き方は全部で10通りあり,そのどのカードが出ることも同様に確からしい。

(1) カードに書かれた数字が3である場合は1通りなので,求める確率は, ② [　　　]
↑ 数字が3である場合の数 / 全部の場合の数

(2) カードに書かれた数字が2の倍数である場合は,2, 4, 6, 8, 10 の ③ [　　] 通りある。

数字が2の倍数であるカードの枚数┐
したがって,求める確率は, $\dfrac{5}{10}$ = ④ [　　]
全部のカードの枚数┘

> **たいせつ**
> 確率の求め方…起こり得る場合が全部でn通りあって,そのどれが起こることも同様に確からしいとする。そのうち,ことがらAの起こる場合がa通りあるとき,Aの起こる確率pは次のようになる。
> $$p = \dfrac{a}{n}$$

p は probability (確率) の頭文字だよ。

基本問題 .... 解答 ▶ p.39

❶ 確率の求め方　1個の正しくできているさいころを投げるとき，次の(1)～(6)に答えなさい。

教 p.185 Q 2

(1)　目の出方は全部で何通りですか。

(2)　(1)でどの目が出ることも同様に確からしいといえますか。

(3)　6の約数の目が出る場合は何通りですか。

(4)　6の約数の目が出る確率を求めなさい。

(5)　2以下の目が出る確率を求めなさい。

(6)　1の目か，4の目のどちらかが出る確率を求めなさい。

> **たいせつ**
>
> Aのことがらの起こる確率
> *p* の求め方
> ① 全部で何通りあるか求める。
> ↓
> ② Aが何通り起こるか求める。
> ↓
> ③ $p = \dfrac{\textcircled{a}}{n}$　←②
> 　　　　　 ←①
> にあてはめる。

❷ 玉を取り出すときの確率　同じ質，同じ大きさの赤玉5個，白玉4個，青玉3個が入っている袋から玉を1取り出すとき，次の(1)～(7)に答えなさい。

教 p.187 活動 6

(1)　玉の取り出し方は，全部で何通りありますか。

(2)　(1)のどの玉の取り出し方も，同様に確からしいといえますか。

(3)　赤玉が出る確率を求めなさい。

(4)　赤玉または白玉が出る確率を求めなさい。

(5)　赤玉または青玉が出る確率を求めなさい。

(6)　赤玉または白玉または青玉が出る確率を求めなさい。

(7)　黒玉が出る確率を求めなさい。

> **覚えておこう**
>
> 確率 *p* の範囲…あることがらの起こる確率 *p* の範囲は，次のようになる。
> 　$0 \leqq p \leqq 1$
> 確率が1…必ず起こる。
> 確率が0…絶対に起こらない。

7章

左ページの例の答え　① いえない　② $\dfrac{1}{10}$　③ 5　④ $\dfrac{1}{2}$

確 認
のワーク
ステージ
1

1節　確率
② 確率と場合の数
③ 確率の求め方の工夫

例1 表の利用
教 p.190 →基本問題❸

赤と白の2個のさいころを同時に投げるとき，目の和が9である確率を求めなさい。

考え方 表をかいて，起こり得る場合をすべてあげる。

解き方 起こり得る結果をすべてあげると，次の表のようになる。

白＼赤	⚀	⚁	⚂	⚃	⚄	⚅
⚀	[1, 1]	[1, 2]	[1, 3]	[1, 4]	[1, 5]	[1, 6]
⚁	[2, 1]	[2, 2]	[2, 3]	[2, 4]	[2, 5]	[2, 6]
⚂	[3, 1]	[3, 2]	[3, 3]	[3, 4]	[3, 5]	[3, 6]
⚃	[4, 1]	[4, 2]	[4, 3]	[4, 4]	[4, 5]	[4, 6]
⚄	[5, 1]	[5, 2]	[5, 3]	[5, 4]	[5, 5]	[5, 6]
⚅	[6, 1]	[6, 2]	[6, 3]	[6, 4]	[6, 5]	[6, 6]

赤いさいころの目が3，白いさいころの目が2であることを表している。

起こり得る場合は全部で ① 　　　　 通りで，

どれが起こることも同様に確からしい。

このうち，目の和が9となるのは，

[3, 6]，[4, 5]，[5, 4]，[6, 3]

の4通りあるから，求める確率は，

$\dfrac{4}{36}=$ ② 　　　　

> **たいせつ**
> 起こり得るすべての場合を表や樹形図を使って調べる。
> 例　1枚の硬貨を2回投げるとき，表を○，裏を×として樹形図をかくと下のようになる。
>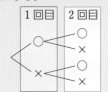

> 1個のさいころで6通りの目があるから，2個同時に投げると 6×6＝36（通り）と考えてもいいね。

例2 起こらない確率
教 p.190 →基本問題❹

赤と白の2個のさいころを同時に投げるとき，目の和が9でない確率を求めなさい。

考え方 例1の表を使うと，目の和が9にならない場合は，（36−4）通りである。

解き方 2個のさいころを同時に投げるとき，

$\begin{pmatrix}目の和が9で\\ない場合の数\end{pmatrix}=\begin{pmatrix}起こり得るすべ\\ての場合の数\end{pmatrix}-\begin{pmatrix}目の和が9で\\ある場合の数\end{pmatrix}$

となるので，目の和が9でない確率は，

あることがらが起こる確率

$\dfrac{36-4}{36}=1-\dfrac{4}{36}=1-\dfrac{1}{9}=$ ③ 　　　

1−あることがらが起こる確率

> **覚えておこう**
> 起こらない確率…あることがらAの起こる確率をpとすると，ことがらAの起こらない確率は次のようになる。
> Aの起こらない確率＝$1-p$
>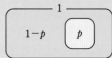

基本問題 .... 解答 ▶ p.39

1 樹形図の利用　A, B の 2 人がじゃんけんをします。ただし, グー, チョキ, パーのどれを出すことも同様に確からしいとします。　教 p.189 Q 1

(1)　A が勝つ確率を求めなさい。

ここが ポイント
グーを㋖, チョキを㋢, パーを㋩などと表して, 起こり得る場合を樹形図に表してみる。

(2)　B が勝つ確率を求めなさい。

2 樹形図の利用　3 枚の硬貨 A, B, C を同時に投げるとき, 次の(1)～(3)に答えなさい。　教 p.189 Q 2

(1)　表, 裏の出方について樹形図をかいて, 起こり得る場合が全部で何通りあるか求めなさい。

(2)　3 枚とも裏が出る確率を求めなさい。

(3)　2 枚は表で 1 枚は裏が出る確率を求めなさい。

3 表の利用　2 個のさいころを同時に投げるとき, 次の確率を求めなさい。　教 p.191 Q 1

(1)　目の和が 8 である確率

(2)　目の和が 5 の倍数である確率

(3)　目の積が 6 である確率

(4)　目の積が 6 でない確率

7章

4 起こらない確率　1 枚の硬貨を 3 回投げるとき, 少なくとも 1 回は裏が出る確率を求めなさい。　教 p.191 Q 3

少なくとも 1 回は裏が出る確率は, 裏が 1 回も出ない確率から考えることもできるね。

左ページの **例** の答え　① 36　② $\dfrac{1}{9}$　③ $\dfrac{8}{9}$

 2節　確率の利用　① くじ引きの当たりやすさを考えよう
② くじ引きで選ばれる確率を考えよう
MATHFUL 確率　発展 期待値

 確率の利用 ───────────────── 教 p.195 → 基本問題 ❶ ❷

　A，B，C，D，E，F の 6 人の中から，くじ引きで 2 人の委員を選ぶとき，A が選ばれる確率を求めなさい。

考え方 選ばれる 2 人の委員に区別がない。このため樹形図をかくとき，〔A，B〕と〔B，A〕は同じこととなるので，〔B，A〕はかかないことに注意しよう。

解き方 右の樹形図より，委員の選び方は全部で

①[　　　　]通り。

このうち，A が選ばれるのは○のついた

②[　　　　]通り。

したがって，求める確率は

$$\frac{②[\quad]}{①[\quad]} = ③[\quad]$$

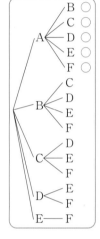

> **たいせつ**
> 起こり得るすべての場合を求めるときで，たとえばAとBを選ぶ場合，〔A，B〕と〔B，A〕を区別するかどうか，問題をよく読んで判断する。

例えば，班長と副班長を選ぶ場合などは，〔A，B〕と〔B，A〕を区別するよ。

発展 **例 2 期待値** ───────────────── 教 p.199 → 基本問題 ❸ ❹

　ある商店のくじ引きでは，100 本の中で当たりくじは右のようになっています。このときの期待値を求めなさい。

1 等	7 本	500 円
2 等	15 本	100 円

考え方 期待値とは，賞金の総額をくじの総数でわったものである。式を変形すると，

（1 等の賞金額）×（1 等を引く確率）＋（2 等の賞金額）
×（2 等を引く確率）＋（はずれの賞金額）×（はずれを引く確率）

になる。

解き方
$$\frac{賞金の総額}{くじの総数} = \frac{500×7＋100×15＋0×78}{100}$$

$$= 500×\frac{7}{100}＋100×\frac{15}{100}＋0×\frac{78}{100}$$

（1 等の賞金額）×（1 等の確率）　　（はずれの賞金額）×（はずれの確率）
（2 等の賞金額）×（2 等の確率）

$$= ④[\quad]（円）$$

> **覚えておこう**
> あることがらが起こるとき，とる値の平均値を期待値という。くじの問題の場合，期待値は，確率の考え方からみた，くじ 1 本の値打ちと考えられる。

右の樹形図：
A ─ B ○
　　C ○
　　D ○
　　E ○
　　F ○
B ─ C
　　D
　　E
　　F
C ─ D
　　E
　　F
D ─ E
　　F
E ─ F

解答 p.39

基本問題

1 くじ引きの確率　6本のうち当たりくじが2本入った箱があります。この中からAさんが1本引き，それを箱に戻さずにBさんがもう1本引きます。

教 p.194Q1

(1) 起こり得る場合は全部で何通りですか。くじに番号をつけ，当たりくじを①，②，はずれくじを③，④，⑤，⑥で表し，樹形図をかいて求めなさい。

Aさんが①，Bさんが②を引いた場合と，Aさんが②，Bさんが①を引いた場合は区別して考えるよ。

(2) Aさんが当たる確率を求めなさい。

(3) Bさんが当たる確率を求めなさい。

(4) AさんとBさんのどちらが当たりやすいですか。

2 くじ引きの確率　5本のうち当たりくじが3本入った箱があります。このくじを同時に2本引くとき，次の(1)～(4)に答えなさい。

教 p.195Q1

(1) 起こり得る場合は全部で何通りですか。くじに番号をつけ，当たりくじを①，②，③，はずれくじを④，⑤で表し，樹形図をかいて求めなさい。

(2) 2本とも当たる確率を求めなさい。

(3) 1本が当たり，1本がはずれる確率を求めなさい。

(4) 少なくとも1本は当たる確率を求めなさい。

発展 3 期待値　ある商店のくじ引きでは，1000本の中で当たりくじは右のようになっています。このときの期待値を求めなさい。

教 p.199

| 1等 | 10本 | 10000円 |
| 2等 | 20本 | 1000円 |

発展 4 期待値　総数500本のくじに，賞金として1等10000円を2本，2等1000円を10本，3等を50本用意することにしました。期待値を70円にするには，3等の賞金をいくらにすればよいですか。

教 p.199

ここがポイント

3等賞金をxとして，

期待値＝$\dfrac{賞金の総額}{くじの総数}$

の式にあてはめる。

7章

　**1節　確率　　2節　確率の利用**

解答 ▶ p.40

1 右の図のようなさいころを投げたとき，2の目が出る確率は $\frac{1}{6}$ といえますか，いえませんか。また，そう考えた理由を説明しなさい。

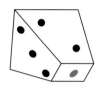

2 次の(1)〜(2)に答えなさい。

(1) 男子5人，女子2人の中から，くじ引きで1人の委員を選ぶとき，男子が選ばれることと女子が選ばれることでは，どちらが起こりやすいですか。

(2) いびつでないコインを投げるとき，表が出ることと裏が出ることでは，どちらが起こりやすいですか。または同様に確からしいといえますか。

3 次の確率を求めなさい。

(1) 赤玉6個，白玉5個，青玉3個が入った袋から，玉を1個取り出すとき，赤玉または青玉を取り出す確率

(2) 200本のくじの中に10本の当たりが入っていて，この中から1本のくじを引くとき，当たりが出る確率

(3) 1個のさいころを投げるとき，4以上の目が出る確率

(4) 100円，50円，10円の3枚の硬貨を同時に投げるとき，表が出る硬貨の金額の合計が60円以下になる確率

(5) 1，2，3の数字を1つずつ記入した3枚のカードをよくきって左から並べて3けたの整数をつくるとき，できた整数が230以下になる確率

2 3 ことがらAの起こる確率＝ $\dfrac{\text{Aの起こる場合の数}}{\text{起こり得るすべての場合の数}}$ で求める。

3 (4) 樹形図をかいて，起こり得るすべての場合の数を求める。

④ A，B，C，Dの4人の男子とE，Fの2人の女子がいます。この6人の中からくじ引きで3人の委員を選ぶとき，次の確率を求めなさい。

(1) 男子2人，女子1人が選ばれる確率

(2) 3人とも男子が選ばれる確率

(3) 3人の委員のうち，少なくとも1人は女子である確率

⑤ 大小2個のさいころを同時に投げるとき，次の確率を求めなさい。

(1) 目の和が3の倍数にならない確率

(2) 目の積が3の倍数になる確率

(3) 大きいさいころの目をx座標，小さいさいころの目をy座標としたとき，この点が$y=\dfrac{4}{x}$のグラフ上にある確率

⑥ 数直線上の原点Oを出発して，点Pを次のように進めます。
「さいころを投げて，偶数のときは，正の方向に2進み，奇数のときは，正の方向に1だけ進む。」
いま，さいころを2回投げたとき，点Pが+3の位置にある確率を求めなさい。

P
O +1 +2 +3 +4

入試問題を やってみよう！

① 2つの箱A，Bがあります。箱Aには数の書いてある3枚のカード①，②，③が入っており，箱Bには数の書いてある3枚のカード①，③，⑤が入っています。A，Bそれぞれの箱から同時に1枚のカードを取り出すとき，取り出した2枚のカードに書いてある数が同じである確率はいくらですか。　〔大阪〕

⑤ (3) $y=\dfrac{4}{x}$ より $xy=4$　目の積が4になる場合を考える。

⑥ 点Pが+3の位置にあるときの奇数と偶数の目の出方を考える。

実力判定テスト　ステージ3　確率

20分　　／100

1 ジョーカーを除いた52枚のトランプをよくきってから1枚引くとき，次の確率を求めなさい。

10点×3（30点）

(1) スペードの札が出る確率

（　　　　　　　）

(2) 3から8までの数字の札が出る確率

（　　　　　　　）

(3) 絵札（J，Q，K）が出ない確率

（　　　　　　　）

2 右の図のような，1から5までの数字を1つずつ記入した5枚のカードがあります。この5枚のカードをよくきって同時に2枚を取り出すとき，次の確率を求めなさい。

$$\boxed{1}\ \boxed{2}\ \boxed{3}\ \boxed{4}\ \boxed{5}$$

10点×2（20点）

(1) 取り出したカードに書かれた数の和が6となる確率

（　　　　　　　）

(2) 取り出したカードに書かれた数の和が奇数となる確率

（　　　　　　　）

3 袋の中に赤玉4個，白玉2個が入っています。この袋の中の玉をよくかき混ぜて，同時に2個の玉を取り出すとき，次の(1)，(2)に答えなさい。

10点×2（20点）

(1) 2個の玉の取り出し方は全部で何通りですか。

（　　　　　　　）

(2) 赤玉1個，白玉1個を取り出す確率を求めなさい。

（　　　　　　　）

4 A，B，Cの3人がじゃんけんをするとき，次の(1)〜(3)に答えなさい。ただし，グー，チョキ，パーのどれを出すことも同様に確からしいとします。

10点×3（30点）

(1) 3人の，グー，チョキ，パーの出し方は何通りですか。

（　　　　　　　）

(2) Aだけが勝つ確率を求めなさい。

（　　　　　　　）

(3) あいこになる確率を求めなさい。

（　　　　　　　）

アプリ【どこでもワーク計算編】をやって，さらに力をつけよう！

定期テスト対策

教科書の公式&解法マスター

数学 2 年

付属の赤シートを
使ってね！

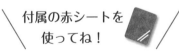

大日本図書版

スピードチェック

1章 式と計算
1節 式と計算 (1)

☑ 1 $3a$，$-5xy$，a^2b などのように，項が 1 つだけの式（数や文字についての乗法だけでつくられた式）を〔 単項式 〕という。

☑ 2 $2a-3$，$4x^2+3xy-5$ などのように，項が 2 つ以上ある式（単項式の和の形で表された式）を〔 多項式 〕という。
   例 多項式 $4a-5b+3$ の項は，〔 $4a$，$-5b$，3 〕

☑ 3 単項式で，かけ合わされている文字の個数を，その〔 単項式の次数 〕という。
   例 単項式 $-4xy$ の次数は〔 2 〕，単項式 $5a^2b$ の次数は〔 3 〕

☑ 4 多項式の各項のうちで，次数が最も高い項の次数を，その〔 多項式の次数 〕といい，次数が 1 の式を〔 1 次式 〕，次数が 2 の式を〔 2 次式 〕という。
   例 多項式 a^2-3a+5 は，〔 2 〕次式
       多項式 x^3-4x^2+2x-3 は，〔 3 〕次式

☑ 5 同じ文字が同じ個数だけかけ合わされている項どうしを〔 同類項 〕という。x^2 と $2x$ は，次数が〔 異なる 〕ので，同類項ではない。
   例 $2a+3b-4a-3$ で，同類項は〔 $2a$ 〕と〔 $-4a$ 〕

☑ 6 同類項は，分配法則 $ac+bc=(a+〔\ b\ 〕)c$ を使って，1 つの項にまとめることができる。
   例 $5x-3-2x-4$ の同類項をまとめると，〔 $3x-7$ 〕
       $3a-4b-2a+b$ の同類項をまとめると，〔 $a-3b$ 〕

☑ 7 多項式の加法を行うには，式の各項を加え，〔 同類項 〕をまとめる。
   例 $(a+b)+(2a-3b)=$〔 $3a-2b$ 〕
       $(2x-7y)+(3x+4y)=$〔 $5x-3y$ 〕

☑ 8 多項式の減法を行うには，ひく式の各項の〔 符号 〕を変えて加える。
   例 $(3x+4y)-(x+y)=$〔 $2x+3y$ 〕
       $(5a-9b)-(3a-4b)=$〔 $2a-5b$ 〕

1章　式と計算
1節　式と計算（2）　　2節　式の利用
3節　関係を表す式

☑ **1** 単項式と単項式との乗法を行うには，係数の積と［ 文字 ］の積をかける。

例 $(-4a) \times (-5b) = $［ $20ab$ ］

☑ **2** 単項式を単項式でわる除法を行うには，分数の形にして［ 約分 ］するか，

除法を［ 乗法 ］になおして計算する。　**例** $(-8xy) \div 2y = $［ $-4x$ ］

☑ **3** 乗法と除法の混じった計算では，全体を1つの分数の形にして

［ 約分 ］する。　**例** $a^2b \div ab^2 \times 2b = \dfrac{a^2b \times 2b}{ab^2} = $［ $2a$ ］

☑ **4** 多項式と数との乗法では，分配法則 $a(b+c) = ab + $［ ac ］を使って

計算する。　**例** $3(2a+5b) = $［ $6a+15b$ ］

☑ **5** 多項式を数でわる除法では，式を分数の形で表すか，わる数を［ 逆数 ］に

して乗法になおして計算する。　**例** $(12x-28y) \div 4 = $［ $3x-7y$ ］

☑ **6** 式の値を求めるとき，式を簡単にしてから数を［ 代入 ］するほうが

よい場合がある。

例 $a=2$，$b=3$ のとき，$-9ab^2 \div 3ab$ の値を求めると，［ -9 ］

☑ **7** n を整数とすると，連続する3つの整数は，

n，［ $n+1$ ］，$n+2$ または［ $n-1$ ］，n，$n+1$ と表される。

例 連続する3つの整数のうち，中央の数を n として，この3つの整数の

和を n を使って表すと，$(n-1)+n+(n+1) = $［ $3n$ ］

☑ **8** m，n を整数とすると，偶数は［ $2m$ ］，奇数は［ $2n+1$ ］と表される。

2桁の自然数の十の位の数を x，一の位の数を y とすると，この自然数は

［ $10x+y$ ］と表される。また，$a \times$ (整数)は，a の［ 倍数 ］である。

☑ **9** x，y についての等式を変形して，y から x を求める式を導くことを，

等式を x について［ 解く ］という。

例 $2x+y=3$ を y について解くと，［ $y=3-2x$ ］

$m = \dfrac{a+b}{2}$ を a について解くと，［ $a=2m-b$ ］

2章 連立方程式
1節 連立方程式
2節 連立方程式の解き方（1）

☑ **1** 2つの文字をふくむ1次方程式を〔 2元 〕1次方程式といい，2元1次
方程式を成り立たせる文字の値の組を，その方程式の〔 解 〕という。

例 2元1次方程式 $3x+y=9$ について，$x=2$ のときの y の値は〔 $y=3$ 〕

2元1次方程式 $2x+y=13$ について，$y=5$ のときの x の値は〔 $x=4$ 〕

☑ **2** 2つ以上の方程式を組にしたものを〔 連立 〕方程式という。また，

組にしたどの方程式も成り立たせる文字の値の組を，連立方程式の

〔 解 〕といい，解を求めることを，連立方程式を〔 解く 〕という。

例 $x=3$，$y=2$ は，連立方程式 $x+2y=7$，$2x+y=8$ の解と〔 いえる 〕。

$x=1$，$y=3$ は，連立方程式 $x+2y=7$，$2x+y=6$ の解と〔 いえない 〕。

☑ **3** x，y についての連立方程式から，y をふくまない方程式を導くことを，

y を〔 消去 〕するという。連立方程式を解くには，2つの文字の

どちらか一方を〔 消去 〕して，文字が1つの方程式を導けばよい。

☑ **4** 連立方程式の左辺どうし，右辺どうしを加えたりひいたりして，

1つの文字を消去するような連立方程式の解き方を〔 加減法 〕という。

例 連立方程式 $\begin{cases} x+3y=4 \\ x+2y=3 \end{cases}$ を加減法で解くと，〔 $x=1$，$y=1$ 〕

☑ **5** **例** 連立方程式 $5x+2y=12\cdots$①，$2x+y=5\cdots$② を加減法で解くと，

②×2 は $4x+2y=10$ で，①－②×2 より，〔 $x=2$ 〕②より，〔 $y=1$ 〕

☑ **6** 連立方程式の一方の式を他方の式に代入することによって，

1つの文字を消去するような連立方程式の解き方を〔 代入法 〕という。

例 連立方程式 $\begin{cases} x+2y=5 \\ x=y+2 \end{cases}$ を代入法で解くと，〔 $x=3$，$y=1$ 〕

☑ **7** **例** 連立方程式 $x=y-1\cdots$①，$y=2x-1\cdots$② を代入法で解くと，

②を①に代入して $x=(2x-1)-1$ より，〔 $x=2$ 〕②より，〔 $y=3$ 〕

2章　連立方程式
2節　連立方程式の解き方（2）
3節　連立方程式の利用

☑ **1** かっこのある連立方程式は，〔 かっこ 〕をはずし，整理してから解く。

例 連立方程式 $x+2y=9\cdots$①，$5x-3(x+y)=4\cdots$② について，

②をかっこをはずして整理すると，〔 $2x-3y=4$ 〕

☑ **2** 係数に小数がある連立方程式は，両辺に 10 や 100 などをかけて，

係数を〔 整数 〕になおしてから解く。

例 連立方程式 $x+2y=-2\cdots$①，$0.1x+0.06y=0.15\cdots$② について，

②を係数が整数になるように変形すると，〔 $10x+6y=15$ 〕

☑ **3** 係数に分数がある連立方程式は，両辺に分母の〔 最小公倍数 〕をかけて，

係数を整数になおしてから解く。

例 連立方程式 $x+2y=12\cdots$①，$\frac{1}{2}x+\frac{1}{3}y=4\cdots$② について，

②を係数が整数になるように変形すると，〔 $3x+2y=24$ 〕

☑ **4** $A=B=C$ の形の方程式は，次の組み合わせをつくって解く。

〔 $A=B,\ A=C$ 〕または〔 $A=B,\ B=C$ 〕または〔 $A=C,\ B=C$ 〕

例 連立方程式 $x+2y=3x-4y=7$（$A=B=C$ の形）について，

$A=C,\ B=C$ の形の連立方程式をつくると，〔 $x+2y=7,\ 3x-4y=7$ 〕

☑ **5** **例** 連立方程式 $ax+by=5$，$bx+ay=7$ の解が $x=2$，$y=1$ のとき，

$a,\ b$ についての連立方程式をつくると，〔 $2a+b=5,\ 2b+a=7$ 〕

☑ **6** **例** 50 円のガムと 80 円のガムを合わせて 15 個買い，900 円払った。

50 円のガムを x 個，80 円のガムを y 個として，連立方程式をつくると，

〔 $x+y=15,\ 50x+80y=900$ 〕

☑ **7** 速さ，時間，道のりについて，（道のり）＝（速さ）×（〔 時間 〕）

例 17 km の山道を，峠まで時速 3 km，峠から時速 4 km で歩き，全体で

5 時間かかった。峠まで x km，峠から y km として，連立方程式を

つくると，〔 $x+y=17,\ \frac{x}{3}+\frac{y}{4}=5$ 〕

スピードチェック

3章　1次関数
1節　1次関数（1）

☑ 1　y が x の関数であり，y が x の1次式で表されるとき，y は x の
　　〔 1次関数 〕であるという。1次関数は，$y=$〔 $ax+b$ 〕で表され，
　　x に比例する量〔 ax 〕と一定の量〔 b 〕との和とみることができる。

☑ 2　例 1次関数 $y=2x-1$ では，x の変域が $0 \leqq x \leqq 2$ のときの y の変域は，
　　$x=0$ のとき $y=$〔 -1 〕，$x=2$ のとき $y=$〔 3 〕より，〔 $-1 \leqq y \leqq 3$ 〕

☑ 3　例 1個 120 円のりんご x 個を 100 円の箱につめてもらったときの代金が
　　　y 円のとき，y を x の式で表すと，〔 $y=120x+100$ 〕
　　例 水が 15L 入っている水そうから，x L の水をくみ出すと y L の水が
　　　残るとき，y を x の式で表すと，〔 $y=-x+15$ 〕

☑ 4　1次関数 $y=ax+b$ では，x の値が 1 ずつ
　　増加すると，y の値は〔 a 〕ずつ増加する。
　　例 1次関数 $y=3x+4$ では，x の値が 1 ずつ
　　　増加すると，y の値は〔 3 〕ずつ増加する。

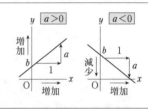

☑ 5　x の増加量に対する y の増加量の割合を〔 変化の割合 〕という。
　　1次関数 $y=ax+b$ では，$(変化の割合)=\dfrac{(y \text{の増加量})}{(x \text{の増加量})}=$〔 a 〕
　　例 1次関数 $y=4x-3$ で，この関数の変化の割合は，〔 4 〕
　　　1次関数 $y=2x+1$ で，x の増加量が 3 のときの y の増加量は，〔 6 〕

☑ 6　1次関数 $y=ax+b$ のグラフは，$y=ax$ のグラフに〔 平行 〕で，
　　点 $(0,$〔 b 〕$)$ を通る直線であり，傾きが〔 a 〕，切片が〔 b 〕である。
　　例 1次関数 $y=-2x+3$ のグラフの傾きは〔 -2 〕，切片は〔 3 〕

☑ 7　1次関数 $y=ax+b$ のグラフは，$a>0$ なら〔 右上がり 〕の直線であり，
　　$a<0$ なら〔 右下がり 〕の直線である。
　　例 1次関数 $y=-3x+1$ のグラフは，〔 右下がり 〕の直線である。

大日本図書版　数学2年

3章　1次関数
1節　1次関数（2）
2節　方程式とグラフ（1）

☑ 1 傾き（変化の割合）と1点の座標（1組の x, y の値）がわかっているときは，

直線の式を $y = ax + b$ と表し，a に 〔 傾き（変化の割合） 〕 をあてはめ，

さらに，〔 1点の座標（1組の x, y の値） 〕 を代入し，b の値を求める。

☑ 2 **例** 傾きが3で，点$(2, 4)$を通る直線の式を求めると，傾きは3で，

$y = 3x + b$ という式になるから，この式に $x = 2$，$y = 4$ を代入して，

$4 = 3 \times 2 + b$ より，〔 $b = -2$ 〕　　よって，〔 $y = 3x - 2$ 〕

☑ 3 2点の座標（2組の x, y の値）がわかっているときは，

直線の式を $y = ax + b$ と表し，まず，傾き（変化の割合）a を求め，

次に，〔 1点の座標（1組の x, y の値） 〕 を代入し，b の値を求める。

☑ 4 **例** 2点 $(1, 3)$，$(4, 9)$ を通る直線の式を求めると，傾きは $\dfrac{9-3}{4-1} = 2$ で，

$y = 2x + b$ という式になるから，$x = 1$，$y = 3$ を代入して，

$3 = 2 \times 1 + b$ より，〔 $b = 1$ 〕　　よって，〔 $y = 2x + 1$ 〕

☑ 5 2元1次方程式 $ax + by = c$ のグラフは 〔 直線 〕 であり，このグラフ

をかくには，この方程式を 〔 y 〕 について解き，傾きと切片を求める。

例 方程式 $2x + y = 5$ のグラフについて，傾きと切片を求めると，

$y = -2x + 5$ と変形できることから，傾きは 〔 -2 〕，切片は 〔 5 〕

☑ 6 方程式 $ax + by = c$ のグラフをかくには，$x = 0$ や $y = 0$ の

ときに通る2点 $\left(0, \dfrac{〔\ c\ 〕}{b}\right)$，$\left(\dfrac{c}{〔\ a\ 〕}, 0\right)$ を求めてもよい。

例 方程式 $3x + 2y = 6$ のグラフは，$x = 0$ とすると $y = 3$，

$y = 0$ とすると $x = 2$ だから，2点$(0, 〔\ 3\ 〕)$，$(〔\ 2\ 〕, 0)$を通る。

☑ 7 方程式 $ax + by = c$ のグラフについて，

$a = 0$ のとき，x 軸に 〔 平行 〕 な直線。

$b = 0$ のとき，y 軸に 〔 平行 〕 な直線。

例 方程式 $2y = 8$ のグラフは，点$(0, 〔\ 4\ 〕)$を通り，〔 x 〕 軸に平行な直線。

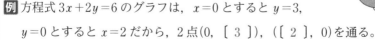

3章　1次関数
2節　方程式とグラフ（2）
3節　1次関数の利用

☑ **1** x, y についての連立方程式の解は，それぞれの方程式のグラフの

交点の 〔 x 〕座標，〔 y 〕座標の組である。

☑ **2** 2直線の交点の座標は，2つの直線の式を組にした 〔 連立方程式 〕を

解いて求めることができる。

例 2直線 $y=x$ …①，$y=2x-1$ …②の交点の座標を求めると，

①を②に代入して，$x=$〔 1 〕，$y=$〔 1 〕　よって，（〔 1 〕，〔 1 〕）

例 2直線 $3x+y=5$ …①，$2x+y=3$ …②の交点の座標を求めると，

①－②より，$x=$〔 2 〕　②より，$y=$〔 -1 〕　よって，（〔 2 〕，〔 -1 〕）

☑ **3** 2直線が一致するとき，2直線の式を組にした連立方程式の解は 〔 無数 〕。

2直線が平行のとき，2直線の式を組にした連立方程式の解は 〔 ない 〕。

例 2直線 $2x-y=3$，$4x-2y=1$ の関係は，

2直線の傾きが 〔 等しく 〕，切片が 〔 異なる 〕ので，〔 平行 〕になる。

☑ **4** 1次関数を利用して問題を解くには，まず $y=$〔 $ax+b$ 〕の形に表す。

例 長さ20 cm のばねに 40 g のおもりをつるすと，ばねは 24 cm になった。

おもりを x g，ばねを y cm として，y を x の式で表すと，

$y=ax+20$ という式になるから，$x=40$，$y=24$ を代入して，

$24=a\times40+20$ より，〔 $a=0.1$ 〕　　よって，〔 $y=0.1x+20$ 〕

☑ **5** 1次関数を利用して図形の問題を解くときは，

$x\geqq0$，$y\geqq0$ などの 〔 変域 〕に注意する。

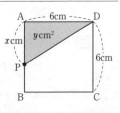

例 1辺が 6 cm の正方形 ABCD で，

点Pが辺 AB 上をAから x cm 動くとき，

△APD の面積を y cm^2 として，y を x の式で表すと，

（△APD の面積）＝（AD の長さ）×（AP の長さ）÷2 だから，

$y=6\times x\div2$ （$0\leqq x\leqq$〔 6 〕）　　よって，〔 $y=3x$ （$0\leqq x\leqq6$）〕

4章　平行と合同
1節　角と平行線（1）

☑ **1** 2直線が交わるとき，向かい合っている角を〔 対頂角 〕という。

対頂角は〔 等しい 〕。

例 右の図では，∠a ＝〔 60° 〕，∠b ＝〔 120° 〕，

∠c ＝〔 60° 〕

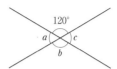

☑ **2** 平行な2直線に1つの直線が交わるとき，同位角は〔 等しい 〕。

平行な2直線に1つの直線が交わるとき，錯角は〔 等しい 〕。

例 右の図では，∠a ＝〔 50° 〕，

∠b ＝〔 50° 〕，∠c ＝〔 130° 〕，

∠d ＝〔 50° 〕，∠e ＝〔 130° 〕

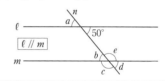

☑ **3** 2直線に1つの直線が交わるとき，〔 同位角 〕か〔 錯角 〕が等しければ，

その2直線は平行である。

例 右の図の直線のうち，平行である

ものを，記号 // を使って表すと，

〔 a 〕 // 〔 c 〕，〔 b 〕 // 〔 d 〕

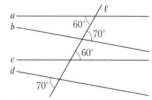

☑ **4** 多角形で，内部の角を〔 内角 〕といい，1つの辺とそのとなりの辺の

延長とがつくる角を，その頂点における〔 外角 〕という。

☑ **5** 三角形の内角の和は〔 180° 〕である。

例 △ABCで，∠A＝35°，∠B＝65°のとき，

∠Cの大きさは，〔 80° 〕

三角形の外角は，それととなり合わない2つの〔 内角 〕の和に等しい。

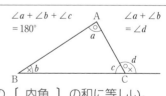

例 △ABCで，∠A＝60°，頂点Bにおける外角が130°のとき，∠C＝〔 70° 〕

☑ **6** 右の図で，∠a ＋∠b ＝∠〔 c 〕である。

例 右の図で，∠a ＝40°，∠c ＝70°のとき，

∠b の大きさは，〔 30° 〕

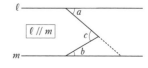

スピードチェック

4章　平行と合同
1節　角と平行線（2）
2節　図形の合同（1）

☑ **1**　四角形の内角の和は〔 360° 〕である。

例 四角形 ABCD で，∠A＝70°，∠B＝80°，
　　∠C＝90°のとき，∠D の大きさは，〔 120° 〕

例 四角形 ABCD で，∠A＝70°，∠B＝80°，
　　頂点 C における外角が 80°のとき，∠D の大きさは，〔 110° 〕

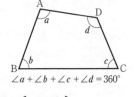

∠a＋∠b＋∠c＋∠d＝360°

☑ **2**　n 角形は，1つの頂点からひいた対角線によって，
（〔 n−2 〕）個の三角形に分けられる。

例 六角形は，1つの頂点からひいた対角線によって，
　〔 4 〕個の三角形に分けられる。

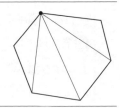

☑ **3**　n 角形の内角の和は，〔 180°×(n−2) 〕である。

例 六角形の内角の和は，180°×(6−2)＝〔 720° 〕

　　正六角形の1つの内角の大きさは，720°÷6＝〔 120° 〕

☑ **4**　n 角形の外角の和は〔 360° 〕である。

例 正六角形の1つの外角の大きさは，360°÷6＝〔 60° 〕

　　1つの外角が 45°である正多角形は，

　　360°÷45°＝〔 8 〕より，〔 正八角形 〕

☑ **5**　移動させて重ね合わせることができる2つの図形が，〔 合同 〕である。

合同な図形では，対応する線分の長さはそれぞれ〔 等しい 〕。

合同な図形では，対応する角の大きさはそれぞれ〔 等しい 〕。

☑ **6**　四角形 ABCD と四角形 EFGH が合同であることを，記号≡を使って，

〔 四角形 ABCD 〕≡〔 四角形 EFGH 〕と表す。

合同の記号≡を使うとき，〔 頂点 〕は対応する順に書く。

例 △ABC≡△DEF であるとき，

　　∠B に対応する角は，〔 ∠E 〕　　辺 AC に対応する辺は，〔 辺 DF 〕

大日本図書版　数学2年

4 章　平行と合同
2 節　図形の合同（2）

☑ **1** 2 つの三角形は，〔 3 〕組の辺がそれぞれ

等しいとき，合同である。

例 AB＝DE，AC＝DF，〔 BC 〕＝〔 EF 〕

　　のとき，△ABC ≡△DEF となる。

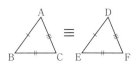

☑ **2** 2 つの三角形は，2 組の辺と〔 その間 〕

の角がそれぞれ等しいとき，合同である。

例 AB＝DE，BC＝EF，∠〔 B 〕＝∠〔 E 〕

　　のとき，△ABC ≡△DEF となる。

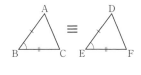

☑ **3** 2 つの三角形は，1 組の辺と〔 その両端 〕

の角がそれぞれ等しいとき，合同である。

例 〔 BC 〕＝〔 EF 〕，∠B＝∠E，∠C＝∠F

　　のとき，△ABC ≡△DEF となる。

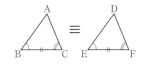

☑ **4** すでに正しいと認められたことがらを根拠として，あることがらが

成り立つことをすじ道を立てて述べることを〔 証明 〕という。

☑ **5** 「○○○ ならば □□□」と表したとき，○○○ の部分を〔 仮定 〕，

□□□ の部分を〔 結論 〕という。

例「x が 9 の倍数ならば x は 3 の倍数である。」について，

　　仮定は〔 x が 9 の倍数 〕，結論は〔 x は 3 の倍数 〕

例「四角形の内角の和は 360°である。」について，

　　仮定は〔 ある多角形が四角形 〕，結論は〔 その四角形の内角の和は 360° 〕

☑ **6** 証明のしくみは，〔 仮定 〕から出発し，すでに正しいと認められた

ことがらを根拠として使って，〔 結論 〕を導く。

例「△ABC ≡△DEF ならば AB＝DE」について，仮定から結論を導く

　　根拠としていることは，〔 合同な図形の対応する辺は等しい 〕。

5章　三角形と四角形
1節　三角形 (1)

☑ 1　用語の意味をはっきりと簡潔に述べたものを 〔 定義 〕 という。

　　　証明されたことがらのうちで，よく使われるものを 〔 定理 〕 という。

☑ 2　二等辺三角形で，等しい2辺の間の角を 〔 頂角 〕，

　　　頂角に対する辺を 〔 底辺 〕，底辺の両端の角を 〔 底角 〕 という。

☑ 3　二等辺三角形の2つの 〔 底角 〕 は等しい。

　　　二等辺三角形の 〔 頂角 〕 の二等分線は，

　　　底辺を 〔 垂直 〕 に二等分する。

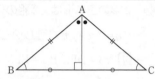

　　　例 二等辺三角形で，頂角が80°のとき，底角は 〔 50° 〕

　　　　　二等辺三角形で，底角が55°のとき，頂角は 〔 70° 〕

☑ 4　2つの角が等しい三角形は 〔 二等辺 〕 三角形である。

　　　例 ある三角形が二等辺三角形であることを証明するには，

　　　　　〔 2 〕 つの辺または 〔 2 〕 つの角が等しいことを示せばよい。

☑ 5　仮定と結論を入れかえたことがらを，もとのことがらの 〔 逆 〕 という。

　　　あることがらが成り立っても，その逆が 〔 成り立つ 〕 とは限らない。

　　　例「$x=1$，$y=2$ ならば $x+y=3$ である。」について，この逆は，

　　　　　「〔 $x+y=3$ ならば $x=1$，$y=2$ である。〕」 これは，〔 正しくない 〕。

　　　例「2直線が平行ならば，錯角は等しい。」について，この逆は，

　　　　　「〔 錯角が等しいならば，2直線は平行である。 〕」 これは，〔 正しい 〕。

☑ 6　正三角形の 〔 定義 〕 は，「3つの辺の長さが等しい三角形」である。

☑ 7　3つの角がすべて 〔 鋭角 〕 (0°より大きく90°より小さい角)である

　　　三角形を 〔 鋭角 〕 三角形といい，1つの角が 〔 鈍角 〕 (90°より大きく

　　　180°より小さい角)である三角形を 〔 鈍角 〕 三角形という。

　　　例 2つの角が30°，50°である三角形は，〔 鈍角 〕 三角形。

　　　　　2つの角が45°，90°である三角形は，〔 直角二等辺 〕 三角形。

大日本図書版　数学2年

5章　三角形と四角形
1節　三角形（2）
2節　四角形（1）

☑ **1** 直角三角形で，直角に対する辺を 〔 斜辺 〕 という。

2 つの直角三角形は，斜辺と他の 〔 1辺 〕 が

それぞれ等しいとき，合同である。

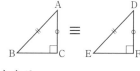

例 ∠C＝∠F＝90°，AC＝DF，

〔 **AB** 〕＝〔 **DE** 〕 のとき，△ABC ≡ △DEF となる。

☑ **2** 2 つの直角三角形は，斜辺と 〔 1鋭角 〕 が

それぞれ等しいとき，合同である。

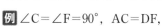

例 ∠C＝∠F＝90°，∠A＝∠D，

〔 **AB** 〕＝〔 **DE** 〕 のとき，△ABC ≡ △DEF となる。

☑ **3** 平行四辺形の定義は，「2組の 〔 対辺 〕 が

それぞれ 〔 平行 〕 な四角形」である。

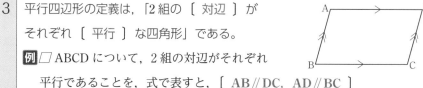

例 □ABCD について，2 組の対辺がそれぞれ

平行であることを，式で表すと，〔 **AB ∥ DC，AD ∥ BC** 〕

☑ **4** 平行四辺形では，2組の対辺または2組の対角はそれぞれ 〔 等しい 〕。

例 □ABCD について，2 組の対角が

それぞれ等しいことを，式で表すと，

〔 ∠A＝∠C，∠B＝∠D 〕

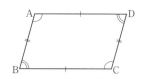

☑ **5** 平行四辺形では，2つの対角線はそれぞれの 〔 中点 〕 で交わる。

例 □ABCD の対角線の交点を O とするとき，

対角線がそれぞれの中点で交わることを，

式で表すと，〔 **AO＝CO，BO＝DO** 〕

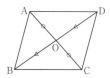

☑ **6** **例** □ABCD で，∠A＝120°のとき，∠B＝ 〔 60° 〕

例 □ABCD で，対角線 BD をひくとき，

∠ABD と大きさの等しい角は，〔 ∠CDB 〕

スピードチェック

5章　三角形と四角形
2節　四角形（2）
3節　三角形や四角形の性質の利用

☑ **1** 2組の［ 対辺 ］がそれぞれ平行である四角形は，平行四辺形である。

2組の［ 対辺 ］または2組の［ 対角 ］がそれぞれ等しい四角形は，

平行四辺形である。

2つの対角線がそれぞれの［ 中点 ］で交わる四角形は，平行四辺形である。

1組の対辺が［ 平行 ］で長さが等しい四角形は，平行四辺形である。

☑ **2** ひし形の定義は，「4つの［ 辺 ］が等しい四角形」である。

長方形の定義は，「4つの［ 角 ］が等しい四角形」である。

正方形の定義は，「4つの［ 辺 ］が等しく，4つの［ 角 ］が等しい

四角形」である。正方形は，ひし形でもあり，長方形でもある。

☑ **3** ひし形の対角線は［ 垂直 ］に交わる。

長方形の対角線の長さは［ 等しい ］。

正方形の対角線は，

［ 垂直 ］に交わり，長さが［ 等しい ］。

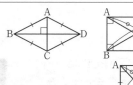

☑ **4** 例 ▱ABCD について，　AB＝BC ならば，［ ひし形 ］になる。

▱ABCD について，∠A＝∠B ならば，［ 長方形 ］になる。

▱ABCD について，　AC⊥BD ならば，［ ひし形 ］になる。

▱ABCD について，　AC＝BD ならば，［ 長方形 ］になる。

正方形 ABCD の対角線の交点を O とするとき，

△OAB は［ 直角二等辺 ］三角形である。

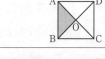

☑ **5** 底辺 BC を共有し，BC に平行な直線上に頂点を

もつ△ABC，△A´BC，△A″BC の面積は，

△ABC［ ＝ ］△A´BC［ ＝ ］△A″BC

例 ▱ABCD で，2つの対角線をひくとき，

△ABC と面積が等しい三角形は，［ △ABD，△ACD，△BCD ］

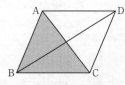

6章　データの比較と箱ひげ図
1節　箱ひげ図
2節　箱ひげ図の利用

☑ **1** 小さい順に並べたデータの個数が偶数 $(2n)$ のとき，それぞれの四分位数は下のようになる。

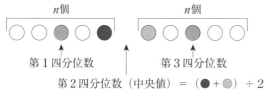

> 第1四分位数，第3四分位数はそれぞれ前半部分と後半部分のデータの中央値である。

第2四分位数（中央値）＝ (● + ●) ÷ 2

例 次の6つのデータがある。

> 6　8　10　16　18　20

このデータの最小値は〔 6 〕，最大値は〔 20 〕，

第1四分位数は〔 8 〕，第2四分位数は〔 13 〕，第3四分位数は〔 18 〕

四分位範囲は，（第3四分位数）－（第1四分位数）＝〔 10 〕

☑ **2** 小さい順に並べたデータの個数が奇数 $(2n+1)$ のとき，それぞれの四分位数は下のようになる。

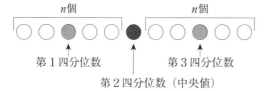

例 次の7つのデータがある。

> 6　8　10　16　18　20　30

このデータの最小値は〔 6 〕，最大値は〔 30 〕，

第1四分位数は〔 8 〕，第2四分位数は〔 16 〕，第3四分位数は〔 20 〕

四分位範囲は，（第3四分位数）－（第1四分位数）＝〔 12 〕

☑ **3** 右のような箱ひげ図がある。

四分位数などが図のように

対応している。

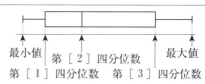

7章　確率
1節　確率
2節　確率の利用

☑ 1　あることがらの起こりやすさの程度を表す数を，そのことがらの起こる
〔 確率 〕という。
確率を計算によって求める場合は，目の出方，表と裏の出方，数の出方
などは同様に〔 確からしい 〕ものとして考える。

☑ 2　起こり得る場合が全部で n 通りあって，ことがら A の起こる場合が
a 通りあるとき，ことがら A の起こる確率 p は，$p=\dfrac{\left[\,a\,\right]}{\left[\,n\,\right]}$
あることがらの起こる確率 p の範囲は〔 0 〕$\leqq p \leqq$〔 1 〕
必ず起こることがらの確率は〔 1 〕であるから，
$(A$ の起こらない確率$)=$〔 1 〕$-(A$ の起こる確率$)$ である。

☑ 3　起こりうるすべての場合を整理してかき出すときは，〔 樹形 〕図を使う。

☑ 4　例2枚の10円硬貨を投げるとき，表と裏の出方は全部で〔 4 〕通り。

☑ 5　例1個のさいころを1回投げるとき，
1の目が出る確率は，〔 $\dfrac{1}{6}$ 〕　偶数の目が出る確率は，〔 $\dfrac{1}{2}$ 〕

☑ 6　例4本の当たりくじが入っている20本のくじから1本引くとき，
当たりくじを引く確率は，〔 $\dfrac{1}{5}$ 〕　はずれくじを引く確率は，〔 $\dfrac{4}{5}$ 〕

☑ 7　例2枚の10円硬貨を投げるとき，2枚とも表が出る確率は，〔 $\dfrac{1}{4}$ 〕
1枚は表が出て1枚は裏が出る確率は，〔 $\dfrac{1}{2}$ 〕

☑ 8　例A，B，C，Dの4人から班長と副班長を選ぶとき，
選び方は全部で〔 12 〕通りで，
AかBが班長に選ばれる確率は，〔 $\dfrac{1}{2}$ 〕

班長　副班長
A〈 B C D

☑ 9　例A，B，C，D，Eの5チームから2チームを選ぶとき，
選び方は全部で〔 10 〕通りで，
AまたはBが選ばれる確率は，〔 $\dfrac{7}{10}$ 〕

A〈 B C D E